Accurate Training Model of Mathematics
Teachers in Ethnic Minority Areas

民族地区数学教师
精准培训模式

郭 岩　孙晓天　卢胜华◎主 编
董连春　马 佳　贾旭杰◎副主编

科学出版社
北 京

内 容 简 介

精准培训是根据习近平总书记的精准扶贫思想、遵循国家精准扶贫赋予教育的重要使命而开展的中小学数学教师培训行动。精准培训是教育扶贫从"大水漫灌"向"精准滴灌"转变的一种具体举措，也是关于如何实现精准教育扶贫的一项行动研究。本书就是围绕精准培训从提出到实施过程中积淀下来的重要研究成果和实践经验结集而成。

本书内容包括三个部分：第一部分是"民族地区数学教学的发展问题研究"，通过对重要切入点及需要优先考虑问题的研究，对如何推动民族地区的数学教学跟上国家教育发展的整体节奏，做出了比较全面的分析和概括。第二部分是"民族地区数学教学的现状研究"，系统梳理了民族地区数学教学面临的主要挑战，并厘清了解决问题的方向，探讨了有效应对挑战应该采取的举措，明确提出了精准培训的概念、方法及实施策略。第三部分是"民族地区数学教师培训模式的实践探索"，从不同角度探讨了精准培训的具体运行机制。

本书可供中小学特别是民族地区的数学教学研究人员、教育专业研究人员、教师教育方向的工作者和相关人士参考。

图书在版编目（CIP）数据

民族地区数学教师精准培训模式/郭岩，孙晓天，卢胜华主编.—北京：科学出版社，2022.10
ISBN 978-7-03-073236-1

Ⅰ.①民… Ⅱ.①郭… ②孙… ③卢… Ⅲ.①民族地区-数学教学-师资培养-研究 Ⅳ.①O1-4

中国版本图书馆 CIP 数据核字（2022）第 176922 号

责任编辑：朱丽娜 高丽丽/责任校对：杨 然
责任印制：李 彤/封面设计：润一文化

科 学 出 版 社 出版
北京东黄城根北街 16 号
邮政编码：100717
http://www.sciencep.com
北京建宏印刷有限公司 印刷
科学出版社发行 各地新华书店经销
*
2022 年 10 月第 一 版 开本：720×1000 1/16
2023 年 6 月第二次印刷 印张：16
字数：278 000
定价：99.00 元
（如有印装质量问题，我社负责调换）

序　言

我国民族地区土地辽阔，大部分地区地处偏远，条件和环境相对艰苦，教育教学质量与一些内地省份尤其是发达地区相比还存在较大差距，离党和国家办好人民满意教育的目标还有一定距离。党的十八大以来，以习近平同志为核心的党中央从党和国家事业发展全局高度和长远角度，谋划推动新时代民族教育事业发展。党的十九大报告指出，努力让每个孩子都能享有公平而有质量的教育。这为做好新时代民族教育工作提供了根本遵循。

教育部民族教育发展中心认真学习领会习近平总书记的系列重要讲话精神，深入学习贯彻党中央的决策部署，深入落实教育部党组的工作要求，坚持围绕中心、服务大局，以铸牢中华民族共同体意识为主线；坚持不懈地开展爱国主义和民族团结进步教育，提高民族地区的教育质量和水平；加强国家通用语言文字教育，促进各民族师生交往、交流、交融，用实现中华民族伟大复兴的梦想之光照亮民族教育奋进之路；切实增强责任感和紧迫感，提高政治站位，行固本、利长远之举，从提升质量、脱贫攻坚、民族团结进步工作相结合的角度寻找突破口。教师是立教之本，兴教之源。教师是教育发展的第一资源，是国家富强、民族振兴、人民幸福的重要基石。为民族地区培养一支政治合格、业务过硬的"领头羊"队伍，是新时代民族教育启航新征程的关键。2017 年开始，教育部民族教育发展中心会同设立在中央民族大学的少数民族数学与理科教育重点研究基地，连续五年举办八期"三区三州"民族地区中小学数学教研员和骨干教师示范培训，来自广西、四川、贵州、云南、西藏、甘肃、青海、宁夏、新疆等 9 个省（自治区）的 44 个地州市、238 个县的中小学数学教研员和骨干教师 1123 人次参加了培训。该培训的定位为小规模、高质量、引领示范性，着力培养一批"带得好""教得好"的教研员和骨干教师，为提升民族地区教育质量和水平发挥引领、示范和带动作用。活动得到了全国一流数学教育专业团队、多所名校以及众多名师大家的鼎力支持，谱写了教育战线凝心聚力助推民族地区教育质量提升的新时代篇章。五年的培训积累了一些有效的经验和做法，为民族地区加强教师队伍建设、提升教育质量和水平做出了有益探索。

一是做足准备工作，提高培训的针对性。2012—2015 年，教育部民族教育发展中心对 8 个少数民族聚居省（自治区）（新疆、甘肃、宁夏、内蒙古、西藏、广西、贵州、四川）的理科教育现状进行了专题研究，发现数学学科弱、概念理解难、教师专业素养弱等问题较为突出和普遍，学科教研员和骨干教师的引领示范作用未能得到充分发挥。在摸清问题的基础上，教育部民族教育发展中心在培训前进一步对学员的情况和培训期待进行了全覆盖的问卷调查和电话调研。系统性调研和专业化诊断相结合，为增强培训的针对性提供了学理支撑和实践依据。

二是尊重教育规律，探索培训新模式。教师成长是有规律的，需要五年左右的理论与实践不断交融相长的成长期，因此，我们探索出了以五年为周期的"1+1+3"新模式，即"1 年以概念教学为主题的集中培训"+"1 年以诊断教学为主题的集中培训"+"3 年以课题研究等为主要抓手进行行动研究和跟踪指导"。这种长期的培训模式有效解决了短期培训因后期支持和跟踪不足而效果打折、民族地区教研缺少高水平的专业指导和引领、教师教研缺乏高水平的展示和提升平台而动力不足等问题。

三是量身定制课程，确保内容的精准性。针对学员教育观念相对落后、教学法知识不足的突出问题，量身定制靶向课程，做到了"三个相结合"，即高位引领与微观示范相结合、教育教学理论普遍性与民族教育实践差异性相结合、教学案例与实践情境相结合，有效避免了学员"够不着""听不懂""吃不透"等问题，提高了培训的精准性。总体来看，98%以上的学员认为培训课程满足了需求，对教学具有指导意义；99%以上的学员对培训授课专家表示满意。

四是创新培训形式，提升学员的适应性。培训采用了讲座、研究课、工作坊、随校教研相结合的形式，解决了培训形式单一、互动不足、理论与实践相分离等问题，确保学员听得懂、有思考、能动手；开拓了短期培训与长期指导相结合的新思路，以课题研究、跟踪指导、教学成果展示等为抓手，对学员进行长期跟踪和个别指导，为学员的专业成长保驾护航；统筹做好教育改革发展和疫情防控，采用线下为主、线上为辅、线下线上相结合的培训方式，统筹使用钉钉平台、创先泰克教育云平台等线上交互技术平台，确保了直播与互动、线上和线下等不同环节的质量需求。

五是加强管理服务，提升培训效果。坚持用心用情、做精做好管理服务，将高标准、严要求与激发学员的内生动力并重，实行"一课一评价""一日一研讨"的过程性评价与反馈相结合的一体化管理模式，由班主任、教研员、高校专家等进行全程跟踪和互动，以满足学员的特殊需求。问卷结果显示，99%以上的学员认为培训效果与预期相符，99%以上的学员认为培训对教学工作有较好的指导性，99%的学员认为自己的教学能力有了较大提升。

五年培训，光阴荏苒。教育部民族教育发展中心始终把习近平总书记的殷殷嘱托牢记心间，把民族地区各族人民群众对满意教育的热切期盼扛在肩上，用步伐丈量责任，用实干诠释担当。八期培训，用汗水浇灌，用心血滋润，用责任守望，日夜兼程、心灵相伴，把学员口中"最累的培训"神奇地点化为一次次离别后的翘首以盼。

五年耕耘，不负众望。学员回到当地，以更加饱满的热情参与到教育阻断贫困代际传递的事业中，钻研教学，积极发挥引领示范作用，用实干诠释铭刻在倡议书"助力打赢教育脱贫攻坚战，站好'三区三州'扶智育人岗"上"为党育人、为国育才"的初心使命，站好扶智育人岗的铮铮誓言。实践证明，开展示范培训是教育部民族教育发展中心落实党和国家新时代教育高质量发展理念的有效举措，是传递党和国家对民族地区教师关心关怀的有效桥梁，是扎根中国大地办教育、深化"志智双扶"工作的一次生动实践。

根据工作安排,这一系列培训即将落下帷幕。站在实现"两个一百年"奋斗目标的历史交汇点上,教育部民族教育发展中心将进一步提高站位,以习近平新时代中国特色社会主义思想为指导,深入贯彻党的十九大和全国教育大会精神,按照教育部党组的总体部署,秉承"团结、求真、创新、至善"的文化追求,接续奋斗,砥砺前行,推动新时代民族教育事业实现高质量发展。

是为序。

2021 年 9 月

前 言

本书书名中的"精准"二字，源自习近平总书记 2013 年提出的"精准扶贫"一词。我国的扶贫工作在习近平总书记这一思想的指引下，把瞄准单元不断从整体的"大水漫灌"向由村到户的"精准滴灌"转变，2020 年我国脱贫攻坚战取得了全面胜利，一举实现党的十八大提出的"全面建成小康社会"的战略目标，向着全面建成社会主义现代化强国的目标迈进。

本书就是围绕精准培训从提出到实施过程中积淀下来的重要研究成果和实践经验结集而成。虽然培训的规模不大，但是随着国家脱贫攻坚战取得全面胜利，本书关于精准培训的理论和实践探索又有了一定的借鉴意义和应用前景。

为了方便读者阅读，需要对本书的写作背景做几点说明，包括何谓"精准"，精准培训的由来，以及精准培训如何从"建议"走向"行动"，等等。

一是何谓"精准"。精准培训中的"精准"具体表现在培训的主体、客体、内容和实施路径四个方面。

首先，培训的主体就是"谁"组织培训的问题。精准培训的主体不是国家各级教师教育主管部门，而是教育部民族教育发展中心和中央民族大学。

其次，培训的客体就是培训"谁"的问题。精准培训的培训对象是来自"三区三州"的中小学数学教研员和骨干教师。其中"三区"指西藏自治区，青海、甘肃、云南、四川四省的藏族地区，以及南疆的和田、阿克苏、喀什、克孜勒苏柯尔克孜自治州，"三州"指甘肃的临夏回族自治州、四川的凉山彝族自治州和云南的怒江傈僳族自治州。"三区三州"地域广阔，共辖200多个县级行政区，是原来国家层面的深度贫困地区，也是体现教育扶贫在国家精准扶贫体系中的基础性、先导性和根本性作用的标志性地区。仅就在职教师的成长而言，这是一个特别需要"精准滴灌"的教师群体所在区域。

再次，培训的内容就是培训"什么"的问题。精准培训的内容只有一个——"概念教学"，更确切地说应该称为"起始课教学"，即关于一个数学概念或方法的起始课或第一节课的教学问题。"起始课"具有"牵一发而动全身"的教学意义，对于一些非常重要、通常需要"大水漫灌"的培训内容，如课程目标、教学理念、教学方式等，在这里都可以围绕对"起始课"相关内容的"精准滴灌"——展开。

最后，培训的实施路径就是"怎么培训"的问题。精准培训的路径叙述起来稍显烦冗，读者参考本书第三部分对"1+1+3"模式的具体表述，就可以大体明了精准培训在实施路径上是如何实现"精准滴灌"的。

二是精准培训的由来。可能读者会有疑问，无论是教育部民族教育发展中心还是中央民族大学，其实都不是在职教师教育的责任主体，为什么是其提出了精准培训的概念，而且能付诸实施呢？

下面结合一点我个人的心路历程，帮助大家了解这个"由来"。

作为大学教师，我们的职业生涯几乎都是在教书、写论文、带学生、申请课题、开展研究以及发表成果的过程中循环往复。时间越久，关于"这些论文、著作、结题报告最后都去了哪里"的想法就越是挥之不去。它们除了作为被引数据为我们个人的学术研究奠定基础，其中的结论或建议产生过什么有意义的影响？对实践有什么实质性的指导？还是像无数类似的成果一样，只是渐渐走进故纸堆？无论是我还是我的同事，对这些问题都感到很疑惑，但大多数情况下也是无能为力。

从2012年开始，这种情况有了令人欣慰的改变。那一年，中央民族大学的数学教育研究团队来到甘肃省甘南藏族自治州，对那里的中小学数学教育现状开展了一次实地调研。之后，本团队撰写调研报告，采用质性分析与量化分析相结合的方法，从理论和实践相结合的视角，对采集的信息和数据进行整理分析，得出相对明确的结论，并提出具体的改进建议。以此为基础，结合后续其他调研结果，在当年举行的全国少数民族数学教育研讨会上，我们做了题为"我国民族地区数学教育的现状与发展"的大会主题报告。

报告当天，时任教育部民族教育司司长带领教育部民族教育司、教育部民族教育发展中心的很多领导和工作人员莅临了会议现场。虽然事先发出过邀请，但没想到他们会以这样的规模参加。与通常主管部门领导莅临大会坐在主席台上的象征意义不同，他们同参会者混坐在一起，认真听取了报告并参与了互动讨论。这一次，主管民族教育的"大咖"以普通与会者的身份，与少数民族数学教育研究领域的学者、一线教师坐在一起，面对面地分享彼此的期望，了解彼此的需求，共谋民族教育的发展。

这是我印象最深的一次会议，因为在这次会上学者关注的民族教育研究与管理者关注的民族教育发展之间形成了交集，民族教育研究的学术方向与民族教育工作的政策导向产生了共鸣。特别是会后教育部民族教育司和教育部民族教育发展中心对本团队的课题研究方向进行了具体指导，为实现课题研究目标提供了多方面的协助和支持，并提出采取共同合作的方式。在后续三年的时间，我们的调研足迹遍布8个省（自治区）的少数民族聚居地区。

这次大会不仅为研究者的学术探索与管理者的治理决策融合提供了契机，而且为我们拓展出释放自身学术能量的广阔空间，也引导我们把研究的重心逐步转向推动民族教育发展的实际行动方面，并在一定程度上回答了对"论文、著作、结题报告最后都去了哪里"的关切，确实令人欣慰。

精准培训的想法和实践，就是在这一背景下产生和进行的。

三是精准培训如何从"建议"走向"行动"。上面说的是精准培训的背景，那么，它怎么又成了"行动"呢？

除了上面提到的对8个省（自治区）少数民族聚居地区的调研，我们还开展过关于"内地班"办学情况等方面的调研。每次调研都向教育部和所涉省（自治区）报送了专门的调研报告，这些报告的内容得到了相关部门的关注，并对我国民族教育特别是民族地区数学与理科教育发展产生过积极影响，其中偏重理念和模型分析的内容也大都作为论文发表。虽然已经收获颇丰，但是面对厚厚一摞调研报告，我们还是有一种"不解渴"或不满足的感觉。例如，在每一份调研报告中，我们都会针对发现的问题提出若干具体的改进建议。由于每个地区的情况不同，建议也就因地区而异，但总有一些问题是共同的，所以根据这些共同问题提出的建议也就相对一致。我们认为这些建议有一定的必要性。

然而，提建议相对容易，只要有信息、数据，运用归纳类比或借助模型推演都可以做到，但这些建议的必要性或意义还是要进一步验证的，它们的可行性或可操作性也要通过实践来验证。这些是写不出来的，需要付诸行动。

这大概就是我们觉得"不解渴"或不满足的原因吧。

关于这些建议的必要性，我们比较有信心，至少绝大多数建议的必要性是经得起检验的。举个例子，我们提出"民族教育更要走上一条现代化的路"，其中的"更要"曾被认为有点过于"高大上"了。事实上，这正是民族教育发展需要解决的首要问题。这条建议的方向与2021年习近平总书记在中央民族工作会议上提出的引导各族群众"向现代化迈进"的要求是一致的。

如果这些建议确有必要，就应该努力付诸实践，让它们在民族教育发展的进程中发挥作用。对此，我们的想法是，如果只是纸上谈兵，有什么理由说服别人采纳？所以，与其被动地等待别人采纳，不如在有条件的情况下自己率先身体力行。这个想法也成为后来我们进一步开展工作的原则和出发点。

其实，这个想法听起来有些天真。由于民族教育的特殊性，几乎每一条建议都不是靠某个人的一己之力能付诸实施的。即便如此，我们还本着实事求是、有所为有所不为、量力而行的态度，选择与我们的职业和专业有关、存在"率先身体力行"可能的建议，去努力付诸行动。比较符合这些条件的有"要努力提升民族地区教师培训质量"这一条。这个建议说的是"大水漫灌"无法满足民族地区教师"提升质量"的实际需要，如果能找准弱项，确定培训内容选题的优先级，再辅以培训形式的创新，通过有针对性地改"大水漫灌"为"精准滴灌"，就有可能在民族地区教师培训的"投入"与"产出"之间达到平衡，取得应有的培训效果，促进民族地区教师专业水平的提升。

面向民族地区开展精准培训的想法就这样萌芽。

这一想法与教育部民族教育发展中心的计划一拍即合，在他们的具体指导、大力支持和周密安排之下，以"三区三州"为目标的精准培训从"建议"走向了"行动"。历时几年，精准培训已经成为一种教育扶贫的新举措，不仅实现了对"三区三州"的全覆盖，50多个当时未摘帽的贫困县也参与其中并受益，新冠肺炎疫情期间培训在线上继续进行。

限于篇幅，上述说明只能点到为止，希望有助于读者了解本书的成书背景。

本书的内容包括三个部分。

第一部分是"民族地区数学教学的发展问题研究"。这部分从立足当前、放眼长远、突出重点、精准施力出发，通过对重要切入点及需要优先考虑问题的研究，对如何推动民族地区的数学教学跟上国家教育发展的整体节奏，进行了比较全面的分析和概括，集中体现了精准培训的必要性。

第二部分是"民族地区数学教学的现状研究"。这部分呈现了在第一部分内容基础上形成的相关调研成果，系统梳理了民族地区数学教学面临的主要挑战，并厘清了解决问题的方向，探讨了有效应对挑战应该采取的举措，在有的放矢、精准施策的愿景之下，明确提出精准培训的概念、方法及实施策略等，集中体现了精准培训的可行性。

第三部分是"民族地区数学教师培训模式的实践探索"。这部分从不同角度探讨了精准培训的具体运行机制，对精准培训的需求、推进措施、实施细节等进行了具体分析，对精准培训如何发挥有的放矢、精准施策的载体作用做出了比较具体的说明，为精准培训在切实提高民族地区教师执教能力方面的具体作用，提供了具体的事实依据，集中体现了精准培训的实践性。

本书绝大部分内容选自公开发表的论文，其他内容有的选自未公开发表的调研报告或会议论文集。在选编过程中，我们对这些内容都做了适度的删减和整理，还有少量新撰写的内容。这种结集而成的形式，可能使全书在结构上略显松散，各部分之间的边界也略欠清晰，但由于基本上是原汁原味的，所以更有真实感并更具可靠性。

本书由教育部民族教育发展中心和中央民族大学少数民族数学与理科教育重点研究基地合作完成。我作为中央民族大学的教师，为能与教育部民族教育发展中心这个以"促进民族教育发展"为己任的研究机构一起合作而倍感荣幸。在近十年的合作过程中，其虽身居高位，但没有居高临下，也不发号施令，都是一起商量、共同合作、倾力支持、真诚相待。在这个过程中，教育部民族教育发展中心的理解、帮助和引导，使我们这个高校学术研究团队的理论成果能够应用在教育精准扶贫的国家行动中，让我们个人的聪明才智融入了精准扶贫的澎湃大潮，使我们有机会跨越教育研究中常见的"纸上谈兵"，感受到时代的脉搏，体会到不负时代使命并能与时代共进的幸福。

本书的内容还有些粗糙，个别地方可能还存在不足，敬请广大读者批评指正。

2021 年 9 月于中央民族大学理工楼 917 室

目　录

序言

前言

第一部分　民族地区数学教学的发展问题研究

第二部分　民族地区数学教学的现状研究

第三部分　民族地区数学 教师培训模式的实践探索

第一部分 民族地区数学教学的发展问题研究

一项课题研究的启示

"民族地区中小学以数学为龙头的理科教学改革研究"课题组

本文节选自一份未公开发表的课题研究报告。这一课题研究前后持续近 5 年，其中关于我国民族地区教师成长部分的研究结果，为精准培训概念的提出与实施提供了事实依据。

党的十八届三中全会以来，民族地区的义务教育已经取得了长足发展。在基本实现了人人"有学上"的目标之后，进一步明晰与解决"上好学"和"学什么"的问题，成为事关民族地区学生福祉，推动民族教育全面、高水平发展的重要问题。

2012 年，中央民族大学少数民族数学与理科教育重点研究基地承担了全国民族教育重点研究课题"民族地区中小学以数学为龙头的理科教育改革研究"。在教育部民族教育司、教育部民族教育发展中心及民族地区各教育部门的大力支持下，由教育部民族教育发展中心的研究人员和中央民族大学的教师、研究生共同组成研究团队，2012—2016 年先后在甘肃、新疆、宁夏、西藏、广西、贵州、四川、内蒙古 8 个省（自治区）的少数民族聚居地区开展中小学数学教学的实地调研。研究团队共走访学校 158 所，收集学生问卷和数学测试卷各 9557 份，召开了包括数学教师、学生家长、学校管理者和教育部门负责人参与的多种形式的座谈会 128 场，教师个案访谈 1495 人次，现场听课并收集课堂教学实录 108 节。这次调研比较全面地把握了民族地区中小学数学教学的现实情况，并在此基础上提出了需要引起重视并着力解决的 8 个问题。以下是其中与精准培训的关系相对密切的三个问题。

一、从提高人力资源储备水平的角度考虑民族地区的数学教学发展问题

民族地区的在校生就是为民族地区未来发展储备的人力资源。从调研结果来看，民族地区的人才建设存在着外面的引不来、自己培养的留不住、留下的又可能保证不了质量等人才循环方面的困境。鉴于此，为使民族教育成为民族地区各项事业高水平发展的推力，民族地区的教育发展模式应该适当地有别于中东部发达地区，需要首先考虑那些可能"留下来"或"留得住"的人的教育问题。民族地区应该把培养符合本地区未来发展的人力资源作为民族教育发展的方向，把根据民族地区发展需要储备合格的人力资源作为衡量民族地区基础教育质量的重要标准，特别是要从人口素质的均衡全面发展出发，把义务教育阶段的育人功能视为民族地区教育发展的头等大事，并在考虑民族地区教育教学改革与发展的问题时，要注意"应试教育"的负面影响。

基于以上考虑，民族地区数学与理科教育的改革和发展就显得尤为重要。在这方面，调研结果不够理想，无论按课程标准的要求测试，还是依当地整体学业质量评估，民族地区以数学为代表的基础理科教育水平都相对不高。关于这一点，除本文通过量化分析得出的结果之外，仅从高考文理科考生的比例即可窥得一二。当时全国高考整体上文理科考生的比例大约是3∶7，而我们调研所及的民族地区，这一比例差不多正好相反。这种考生比例失衡现象从一个侧面预示了民族地区未来人才结构可能会出现"失衡"，对民族地区人力资源建设的影响不容小觑。为了促进民族地区的长远和高水平发展，努力改变这种"失衡"状态应当成为发展民族教育重点关注的问题。

因此，课题研究得出的结论是：要把数学教学的改革与发展水平视为衡量民族教育高水平发展的一个基本变量，与民族地区的人才结构、人才质量、人力资源建设水平等紧密联系在一起，通过不断理顺数学教学水平与人力资源建设水平之间的关系，为民族地区数学与理科教育开拓出一条加速发展的"快车道"。

二、民族地区的数学教学与当地的社会生活之间应该形成良性互动

从目前数学课程标准和数学教材的现状来看，与民族地区生活有关的情境和内容并不多，民族地区数学教学与当地社会生活之间的互动并不明显。这一现象并不难理解，因为国家课程建设首先要考虑通用性，所以地域或民族特色不宜过浓。我们在调研过程中也发现，在许多民族地区，尤其是边疆少数民族聚居的地区，由于现行数学教材中一些内容设计远离学生生活，无论老师怎样下功夫引导，仍较难引起学生的共鸣。这种现象也不难理解，因为在义务教育阶段，学生熟悉的情景和事物或者他们已有的生活积累，是他们对数学学习产生喜爱之情和好奇的重要源泉，要想让他们乐学、好学，数学真的不能离他们的现实生活太远。我们发现，课程教材的通用性与具体使用的地域性之间确实存在一些矛盾，而且类似的矛盾也不仅仅出现在民族地区，对于这种矛盾产生的影响，需要特别重视。

因此，课题研究得出了以下两个结论：一是国家课程的制定应该充分考虑少数民族学生群体的实际，至少课程的起点设置不宜过高，切实体现义务教育的全纳性，使每一个少数民族学生都有机会接受良好的数学教育；二是民族地区的数学教学应在坚持国家课程方向的前提下，认真挖掘与当地特有的社会、生活和文化相关的数学教育资源，努力把学生熟悉的情景和事物或他们已有的生活经验融入数学教学中，以缓解课程教材的通用性与具体使用的地域性之间的矛盾，推动国家课程教材的通用性与民族地区数学教学的特殊性之间形成良性互动。

民族地区的数学教学除了必须遵循普遍性的数学教学规律之外，还要特别重视我国少数民族的语言、生活、历史、文化、思维习惯等方面与数学教学之间的联系，围绕民族地区数学教学的特殊性，努力把学生熟悉的情景和事物或者他们已有的生活经验转化为数学教学的题材，探索在不同文化背景下教师的"教"和学生的"学"的独特规律与模式，尽可能地为学生的"喜欢和好奇"拓展空间，为他们的"乐学和好学"创造必要的条件。

三、以"精准"为目标，努力提升民族地区的数学教师培训水平

前文涉及的问题都与民族地区数学教师的专业成长有关，而培训往往是促进在职教师专业成长最重要的途径。

我们在调研过程中发现，民族地区数学教师培训类型越来越明确，如针对骨干教师、新进教师、乡村教师、双语教师等都有不同类型的专项培训，培训形式越来越多样，如短期主题式培训、外出跟岗培训、网络培训、校际交流培训和校本培训等。另外，除国家自上而下的教师培训体系之外，民族地区的县、区、校也能积极行动起来，对本地、本校教师培训的重视程度在不断提高。仅就民族地区数学教师参与培训的机会而言，无论是数量还是形式都比较令人满意，与过去完全不可同日而语。

相比教师对培训数量和形式丰富多样的肯定，本次调研对民族地区数学教师培训效果得出的结论是："局部亮点明显，整体尚待提升。"其中，"局部亮点明显"是指这次调研涉及的每个省份都有一些形式新颖的地方培训，很受教师的欢迎，效果也比较显著。例如，有的学校外聘经验丰富的退休教师进校，讲评结合，长期跟踪指导，帮助年轻教师成长，效果比较明显。不过，这样的学校大都位于民族地区的一些中心城区，一般都有比较丰富的培训资源。"整体尚待提升"主要是指虽然整体上而言各级教育部门都能为教师提供比较充分的培训机会，但投入与产出之间还不够协调，培训效果的提升空间还很大。下面从以下几个方面进行说明。

一是远程培训的效果一般。远程培训或线上培训是密度比较大的培训，根据教师的反映，在实施的过程中，具体培训内容多偏重理论，虽然教师都认同专家传授的理念，但由于缺少与实际教学相关的具体指导，如何将这些理念运用到教学实践中，经常令他们感到苦恼，觉得"对课堂教学帮助不大，学不到太多东西"，等等。尽管各级各类远程培训计划都会提供一些课堂教学实例供教师线上参考，但由于课例中的教师和学生水平一般都较高，教学过程中的信息化程度也很高，反而与培训学员之间形成了一定的隔阂。有的远程培训计划要求某个区域或某个学段的教师全员参加，由于有些乡村学校本来就缺编，如果无人承担教学工作，就只能在耽误教学或者放弃培训之间二选一，全员、全

程参加一般较难做到。另外,进行远程培训时,教师坐在电脑前昏昏欲睡的情况不少,我们在调研过程中也见到过这种情形。

根据以上现象,课题研究得出的结论是:虽然远程培训或线上培训具有不可或缺的作用,但由于实际效果一般,不宜作为教师专业培训的主渠道,应为举办那些能"面对面"、有现场感的培训创造条件。

二是现场教学观摩课互动环节的质量有待提高。培训中的现场教学观摩课是对理论培训内容的直观解读和具体说明,目的是帮助教师理解培训内容,达成理论与实践融于一体的培训效果。但我们在调研中发现,有的培训虽然安排了现场教学观摩课,但没有设置互动环节,使观摩课的培训意义大打折扣。也有的观摩课虽然设置了互动环节,但对互动的引导力度不够,加之参加培训的学员本身缺少必要的代入感,往往是单纯欣赏的成分居多,主动参与互动的意识较弱,也容易错过能有效提高自身能力的机会。

根据以上现象,课题研究得出的结论是:现场教学观摩课虽然只是培训的一个环节,却是在职教师培训最重要的内容之一,其重要性与现场教学观摩课本身的质量有关,更在于互动环节的质量,学员参与互动的积极程度也在很大程度上决定了现场教学观摩课的培训价值。所以,各级教育部门要把现场教学观摩课互动环节的效果作为评估培训质量的重要指标。

三是对教研员的培训有待加强。教研员既扮演着教师培训者的角色,同时也是教师,是民族地区教师队伍的"领头羊",他们需要培训,对他们的培训不仅能惠及本人,还能产生以点带面的效果。另外,从调研情况来看,少数地方的教研员不太像"领头羊",有时还有点拖教育改革发展的后腿。例如,民族地区有些地方的统测统考内容陈旧、人为编造,脱离了实际,明显滞后于时代发展,应试教育、题型教育的味道比较浓,我们在调研中甚至发现了某些不了解实际教学甚至不了解教材进度就命题的情况。由此可见,个别教研员的日常教学指导方向和教学研究水平确有堪忧之处。民族地区的教研员主要是县区一级的,也是一个特别需要培训的教师群体。抓好对教研员队伍的培训,让他们真正成为教学改革与发展的"领头羊",对促进民族地区的教师队伍建设十分重要。

因此,课题研究得出的结论是:越是民族地区,教研员越不能凑合,因为凑合的结果只能是教学工作越来越差。民族地区要以把握教研方向、善于发现问题、丰富教学认识、提高教研热情等为主题,开展面向教研员的专项培训,通过提高教研员的素质,推动民族地区中小学数学教师队伍整体面貌的改变和教学质量的提高。

四是培训的针对性需要进一步加强。在调研过程中，我们亲身感受到了民族地区教师对自身专业成长的渴望，各级教育部门也为他们的成长提供了丰富多样的机会。即便如此，我们仍会听到他们对培训的抱怨，其中抱怨最多的是培训内容的错位，即培训内容与现实教学需求的错位。在目前培训资源相对丰富的情况下，围绕教师在现实教学工作中遇到的具体问题和困惑来开展培训显得非常重要，提高培训的针对性更是重中之重。

关于培训的针对性，课题研究得出以下两个结论。

一是要了解和梳理出数学教师在数学课程目标体系、知识内容结构、具体内容的教学处理，以及对教材的合理使用等方面有哪些普遍性的问题，有什么具体需求，以及存在哪些困惑等，将其作为有的放矢地开展培训的出发点。

二是"针对性"的内涵应当包括以下几个方面：①培训要帮助教师逐步达成一种共识，即无论外部的力量有多强大，只能起到辅助的作用，只有自己不断摸索和实践才能从根本上解决个人面对的现实教学问题，教师自身的专业成长不能"等、靠、要"，培训总有结束的时候，但成长要一刻不停。②培训内容不仅包括解题和具体教学内容的研究，更应该根据时代的要求，关注教学态度、教学语言及教学思维方式的调整与转换，把引导教师在理解的基础上实现这样的调整转换作为重要目标。③培训要推动教师积极思考，如每一部分教学内容所能体现的教育意义及其发展方向，多想为什么，多思考来龙去脉，这不仅有助于教师的个人成长，而且有助于教师向学生传播主动学习的正能量，还能帮助教师保持积极的教学状态，促使其不断进取。

我们在调研过程中深切感受到，无论民族地区的人力资源建设还是数学教学与当地的社会生活之间的良性互动，归根结底都要靠教师来推动。民族教育需要面对和解决的问题很多，师资问题一定是民族教育发展需要优先解决的问题。随着民族地区的发展逐步强劲，从外部引进优秀教师有了更大的可能性，但"输血"不如"造血"，只有以当地人才资源为本建立起来的教师队伍才真正靠得住、用得上。在这个意义上，民族地区必须直面现实中遇到的困难和问题，努力探索教师成长的新思路、新途径。

这次调研虽然获取了许多与数学教学、数学教师相关的信息，但还不够全面和细致，有待进一步深入摸查。无论如何，仅就教师成长而言，如果能在本次调研的基础上梳理出民族地区中小学数学教师的培训目标、培训内容和培训支撑体系，并有计划地付诸实施，既称得上是新思路，也是促进民族地区教师培训工作发展的一条新途径。

（节选自《民族地区中小学以数学为龙头的理科教学改革研究结题报告》，2015 年 6 月）

越是民族地区，越应该拥抱教学改革——访中央民族大学理学院教授孙晓天

一、引言

这是一篇超长的访谈，长到足以令不感兴趣者望而生厌。然而，对于那些真正想在民族地区理科教育领域有所作为的人来说，感受可能会不一样。

孙晓天教授是《全日制义务教育数学课程标准（实验稿）》研制组负责人、全国中小学教材审定委员会委员、国家基础教育课程教材专家工作委员会委员。这位人们眼中百分之百的课改专家，近几年把民族地区理科课程作为重心，并对其进行了深入的研究。他与教育行政部门有着足够多的接触，比较了解顶层设计者的想法，也到最偏远的民族地区学校做过调研，掌握了第一手的数据，熟悉基层教育工作者的真实状态。

在整个访谈过程中，从他飞快的语速，从他自己树个靶子再自己攻，可以看出他对提高民族地区理科课程实施水平、促进教育教学改革、改变民族地区教育整体面貌的急切心情。

不难想象，也诚如他所说，像他这样的人常常被批评为"过于理想化"。可是，也有一种态度叫作"百转千回之后仍然热爱"。也许正是这种热爱，让他的思考、建议辛辣而又不失温情，让人回味无穷。

二、用第一手数据分析理科课程存在的问题

对于民族地区教育存在的问题，只有经过量化以后才能指出症结所在，才能发现改变的依据和改革的基础。如果只是凭感觉、靠直观来处理，就有可能导致乱决策、瞎指挥，从而浪费宝贵的时间、精力和资源。

本刊记者：2001 年新课改以来，您在公众面前一直以课改核心专家的身份出现。近年来，您的研究方向转向了少数民族学生的理科教育问题，能否简单地说说您的这个转变？

孙晓天：在中央民族大学做数学教育研究，要有一种责任感，要把做与民族地区有关的研究看成我们的使命——民族地区的数学和理科教育问题理应是我们研究的方向。我和我的团队起步不算晚，但研究方向比较零散，因此从 2011 年开始，我们通过统一认识、整合队伍，提出了"中国少数民族地区数学课程的现状、问题与发展"这个课题，并在学校"985 项目"的框架下，到新疆和甘肃开始了调研。

本刊记者：为什么选新疆和甘肃呢？

孙晓天：当时我们着眼于西北，主要是因为西北地区的少数民族与汉族在文化上有着比较大的差别，最典型的是其有自己的语言、文字。如果把那里的少数民族的数学教学问题研究清楚了，在某种程度上而言，中国少数民族数学课程的问题基本就可以研究清楚了。

2012 年前后，我们又遇到了一个契机——教育部民族教育司、教育部民族教育发展中心知道我们正在开展的研究之后，决定支持我们把这项研究继续深入做下去。

从 2012 年到现在，在他们的支持下，我们已经调研了 8 个省（自治区）的少数民族聚居地区，包括五大自治区，以及贵州、四川、甘肃。没有他们的支持，我们也会做研究，也会出书、发论文，但离民族地区的现实有多远，就不得而知了。他们能够关注到学科、关注到数学，说明他们已经深谙民族教育之道，这不仅是民族教育发展的一件幸事，也使我们的研究与民族地区的教育发展紧密联系在一起。

本刊记者：我们很想了解一下调研主要是如何展开的。

孙晓天：我们的调研规模比较大，也可能是全国最大的。研究主要针对

理科课程尤其是数学课程进行。中国很大，很多省的面积比某个国家的面积还大，有时候一个省份由于地域不同，调研结果也会产生很大的差别。因此，我们每到一个省份，一定要选两个民族自治州，但民族自治州不是我们研究的重点，而是由州到市、县、乡，一竿子插到底。

到现在为止，我们到每个地方调研做的事都一样。第一件事是一到学校，就给学生进行数学测试。我们的测试是有特点的，因为中国的教材有很多版本，有时候一个州就有几种教材，所以我们的测试仅仅以国家课程标准为参照系，而不是以教材为参照系。另外，有的研究者为了个人研究的需要，把测试卷设计得非常复杂，由于这种测试不是一种高利害的考试——作为被试，认真答，对自己没什么影响，糊弄人，对自己也没什么影响，一般效果都不会太好，获得的信息的有效性往往会大打折扣。我们的做法如下：一是按时长30分钟设计测试卷，实际测试时间按40分钟掌握，尽量让学生在时间比较宽裕的状态下作答，以反映其真实的学习水平；二是测试题目尽量是学生熟悉的，学生愿意投入进去，不至于因为一下子卡壳而放弃。

我们的调查问卷也经过了精心设计。首先，不直截了当地发问，例如，我们从不问学生"你喜欢数学吗"，而是通过类似"你在数学课堂上心情如何"这样的问题来了解学生对数学学习的真实想法，从中发现学生是否喜欢数学的线索。其次是不分类发问，整个问卷涵盖几个方面的问题，但不是一个一个按顺序去问，而是全部打乱，回收问卷后通过梳理，再归纳成几个问题。

在调研的过程中，我们也发现有些问卷和测试中的题目可能改一下会更好，但从统计学的角度来看，如果改了，在不同地方得到的数据之间的相关性就会有问题，所以如果没有什么太大的问题，就尽量不改。现在我们已经搜集了1万多份数学测试卷和问卷，从全国来看，针对一般数学课程的调研也没有这么大的样本量。

第二件事是访谈。我们设计了一个访谈提纲，方便开展访谈。访谈对象包括教师、家长、教育部门管理者等，以教师为主。我们先后访谈过的教师有1000多人。

第三件事是课堂实录，就是直接到课堂听课，把教学过程录下来，回来后对教学模式、教师的教学行为等进行分析。

每到一个地方、一所学校，哪怕这所学校特别小、特别简陋，上述几项工作，我们一定都会做。

当然，我们的调研对象不只是数学学科，也包括物理、化学，基本思路和做法都一样，只是样本量没有那么大。原因如下：一方面，我是从事数学教育研究的，对数学课程更熟悉，做起来比较有把握；另一方面，我们已经从统计学的角度论证了数学、物理测试与问卷结果之间的相关性，我们通过调研数学得出的所有结果都是可以推广到物理等其他理科课程中的。

本刊记者：调研是不是完全在少数民族聚居地区进行呢？

孙晓天：不是的，我们采取了平行测试法。第一，我们主观认定北京代表全国的较高水平。对于北京的测试，我们也没有选择那些知名的学校，而是找了一些中等水平的学校。在这样的学校，也进行测试、访谈，样本量不大，只是作为一个参照系。第二，我们认定少数民族聚居省份的省会城市代表这个省的最高水平。在省会城市，我们也做一套这样的测试、问卷、访谈、录像，然后把研究重心放在省会城市以外的少数民族聚居地区。

这样我们就建立了一个参照系，北京作为国家较高水平的参照，省会城市作为一个省份较高水平的参照，再回过头来看民族地区的信息，基本上就有了一个量化的、直观的印象。同时，我们不仅在整体上给出了刻画，还对课程内部的一些元素（如数学的几何、代数）做了研究。在少数民族地区，对于数学这个学科，哪些模块学生学得好一点，哪些模块学生学得差一点，为什么就这个模块学得差呢？得出的结论都是很深刻的。

也许不做调研，我们也能说出一些民族地区教育存在的问题，也知道民族地区与其他地区的差距，但民族地区的教育究竟存在哪些问题，程度如何、成因如何，都需要通过详细的数据来说明。

本刊记者：这是在做一项结构性的分析。

孙晓天：对，这样掌握的数据才是真实有效的，而不是全凭印象。其实民族地区之间也有差异，对于这种差异，我们一开始有意识地回避了，觉得研究这种差异不一定有意义，但是后来的研究结果使许多差异自然而然地显现出来了。

本刊记者：您能举个具体的例子吗？

孙晓天：人们可能很难想到这种差异。通常大家印象里会以为新疆、西藏、甘肃藏族聚居地区等地的理科教育水平不高，因为语言都有障碍，怎么能学得好呢？实际上，不完全是这样。去了这么多地方，我们的发现是：民族地区理科尤其是数学教学水平偏低的实际上是西南少数民族地区。原来以为那里毗邻广东等经济发达地区，情况可能会好一些，结果不是这样。这样的结果，不调研发现不了，只到一个地方调研也发现不了。

通过调研，我们都分省份给教育部提交了报告，每个省份的报告里不仅有数据，还给出了建议。我觉得这种建议可以叫政策建议，或者说是具体操作的建议。比如，对于某个省份，我们就明确建议，必须加强教研员队伍的整顿和建设。一般的学术论文不会这么说，一般政府派人下去调研，回来报告也不会这么讲。我们是学者，觉得这是个问题，就得这么讲。教研员是教师队伍的"领头羊"，如果教研员像一盘散沙，不作为，这个地方的教学水平怎么能提高？

三、别让学生因为课程太难而疏离学校

无论如何，我们要把喜欢、好奇、热爱等看成理科教学最重要的元素。真正决定学生学习成绩的，不是记住了多少，而是愿不愿意学。

本刊记者：能具体说说您在调研中的发现吗？

孙晓天：我们通过调研发现，其实民族地区理科课程存在的问题不在语言，因为使用任何语言都是可以学好理科的，这一点不用证明。像内蒙古自治区，蒙古族学生用蒙语学数学，学习成绩是很优秀的。

那么，到底是什么问题呢？如果光坐在那里想，能想出很多问题，比如，大家肯定会说我们这里条件不好，再就是说老师不行，还有说家长不行的。我们做了一项相关性分析，学生成绩在这里，问卷在这里，访谈结果在这里，我们从这里面分析影响学生理科学业成就的主要因素有哪些，最主要的因素是哪一个。结果不是条件，不是教师，不是家长，影响学生理科学业成就的相关因素中，排在第一位的是"难"，课程内容又多又难；排在第二位的是双语教学，实际双语教学反映出来的问题也是"难"，难在学生要承受本民族语言、汉语、外语学习的三重压力。

本刊记者：语言的压力比较容易理解，但关于课程内容又多又难的具体情况，您能再详细地解释一下吗？因为课程内容主要与课程标准有关，在大家的理解中，课程标准是底线。现在不少教育发达地区乃至学校都制订了与本地区实际相适应的课程标准配套教学建议。换句话说，他们常常觉得课程标准的难度不够，需要往上加。

孙晓天：与许多国家不同，中国的国家课程标准是"学生经过努力能够达到的"标准，所以不是最低标准，不是底线。任何标准，如果不是"最低"，必定缺少弹性。事实确实如此，由于课程标准本身是需要弹性的，一旦缺乏弹性，可能就会把一些学生挡在门外，把一些学习困难的学生吓倒。对于民族地区来说，这已经是一个十分现实的问题了。我们到一个民族地区调研，一个自治州的初中教材，三年级订的份数比一年级订的少了很多。少的教材去哪里了？对应的学生又去哪里了？教材预订数量下降的原因有很多，但我们最担心的一个原因是"高高在上"的课程让他们疏离了学校。

我不知道你们有没有留意到现在数学教材里有一部分内容，如"数学广角""拓展乐园"等，对于这样的内容，其实教材编者的想法非常好，主要是想体现教材的弹性，拓展学生的视野。但现实情况是，只要教材里面有的，往往就成了必教、必学、必考的内容，再加上有的"拓展"本身就是数学"竞赛"，这样一来，原本想引起学生喜欢、好奇、热爱的这些内容就有点变味儿了，在应试教育的框架之下，成了学生面前的一道道"高门槛"。

我们必须清楚，学生面临的课程难度都是从标准、教材、教学逐级放大而来的，如果作为课程基础的"标准"不是"最低"的，便会产生一定的问题。

本刊记者：会不会有民族地区的教育工作者质疑降低学习难度会导致学生在今后的考试和社会竞争中处于劣势？

孙晓天：我不担心降低标准、减少内容会导致落后。我们的孩子现在比谁都累，内容少了，是不是水平就低了呢？不是。真正决定学习能力的，不是记住了多少，而是愿不愿意学。学生记住得再多，不愿意学，考试也许能取得好成绩，但不会走得太远。喜欢、好奇和热爱比什么都重要，这样哪怕现在记住得少，肯定有后劲。

现在中国学生学习缺乏后劲的情况非常明显。我的想法是，民族地区一定要注意防范所谓的题型教育、应试教育的干扰，能划清界限最好。少数民族教育起步晚，更要少走弯路。比较令人担忧的是，一些在非民族地区的教育体系中已经被严格控制的商业气味浓厚的教学内容和学习方式，现在往民族地区渗透得很厉害，一些在非民族地区失去市场的教育机构正在往民族地区转移。如果民族地区不进行筛选，可能会受到影响。

四、民族地区的教育工作者须"穷则思变"

本刊记者：您如何看待民族地区理科教育的特殊性？

孙晓天：民族地区理科教育不是一般意义上的理科教育，它涉及的基本问题，一般意义上的理科教育都不研究，比如，双语教学问题、教材的本地化问题、超远距离的教师培训问题等。民族地区理科教育的特殊性绝不是一般意义上的理科教育特点所能涵盖的。

比如，我们在调研中发现，教材一定要与学生的生活相联系，只要源于生活经验，学生就会感兴趣。但是现行的教材并非如此，举一个简单的例子，小学教材里有"游乐场""摩天轮"，不少民族地区的孩子完全没概念，而民族地区有的高山、草场、牛羊等，这些教材里反而没有。那么，民族地区的孩子能不能得到一点"特殊的待遇"，能不能给他们的教材加一个附录？能不能把他们生活中与数学有关的素材加进去？这样他们再看教材就亲切多了。

再如，我们在调研中听到一些例子，有时让我们哭笑不得。有的教材讲电饼铛烙饼，烙一张饼需要 6 分钟，一次只能同时烙两张饼。孩子特别饿，怎样才能在最短的时间里烙出 3 张饼？答案是先将两张饼放在电饼铛里，过 3 分钟，拿出来一张，再放进去一张生的，再过 3 分钟，把那张熟的拿出来，将半生的那张再放进去。乍一听，似乎没什么问题，但实际上哪有烙饼烙到一半就拿出来的呢？拿出来以后再放回去，3 分钟还能熟吗？现实生活中，孩子从没看到妈妈烙饼烙一半拿出来的，教材就让拿出来。这就是我们某些非民族地区的人编的教材呀！

本刊记者：您刚才提到做课堂实录，包括对于边远的小学，都用摄像机把老师的课堂表现拍下来。在这方面，研究有没有什么具体的收获？

孙晓天：我们把所有的实录都变成了文本，做了一些分析，也有一些成果发表。现在，我们有一个基本的结论：在双语教材、教师方面的问题一时难以解决的情况下，可以通过改变教学方式、实现教学方式多样化改善少数民族地区学生的学习状态。

说到改革，话就长了。我们到一些民族地区去，那里有的教育工作者对改革不以为然，说你们那些理想离我们太远了，我们只要老师把课讲好，学生考出一个好的分数就行了。我认为不能这么想，这样的教育欠公平。

在我看来，民族地区最不应该抵触教育改革。改革要改什么呢？最重要的是革新理念。最重要的理念是什么呢？其实特别简单，就是以前我们的教学是从教师角度出发，改革后不外乎是从学生角度出发；以前我们的教学是从教材出发，改革后不外乎是从现实生活出发；以前的教育是精英教育，学生靠接受教育来改变命运，改革后不外乎是要实行大众教育，使教育面向每一个人的未来。这些事哪件不是对民族地区有利的呢？因此，越是民族地区，越应该拥抱改革。

另外，个别民族地区总有学校领导认为自己的师资不行。其实咱们的老师都是好样儿的，举个例子，我们民族地区的数学老师有一大半是数学专业出身的，是有高等院校数学专业背景的。当然，另外那部分学什么专业的都有，大部分是学文科的，还有学音乐的。对，我们也可以发现有的语言类专业出身的老师教数学——高中数学。那么，在中国看到这样的情况，大家会觉得匪夷所思：怎么能这样？那美国的情况如何？前几年我看到一个数字，美国的数学老师只有不到20%是数学专业出身的，我这里特指美国的基础教育阶段，包括高中。我觉得不要先忙着说老师的水平不行，我们得有足够的自信，当然也不能盲目自信。对教师来说，讲授是最考验功夫的，而且一时半会儿是学不来的。怎么办？那就要使教学方式变得多样、丰富。老师要讲，学生也要讲，要有讨论，要有交流。学生讨论的时候，教师视具体情况决定切入或旁观，完全放手让学生去探究也行，但是该引导的时候应该主动切入。对于合作者，比作为讲授者的要求要低一些，也更容易促使教师自己参与进去，对学生产生超出讲授效果的影响。

本刊记者：新课程改革以来，不是都在提倡"让教师成为平等中的首席"吗？许多人说实际上这对教师提出了更高的要求。这与您刚才的说法是否矛盾？

孙晓天：我觉得不矛盾。对于有些城市教师来说，有人来听课了，他变成"平等中的首席"了，听课的人一走，他又关起门来"滔滔不绝"，因为他要应付考试。

我觉得民族地区倒是可以把课堂教学改革落实到位，尽量把时间、空间留给学生，让他们有说话的机会、交流的机会，不要觉得对学生放手是耽误时间。

民族地区的教育要"穷则思变"。一味地跟着教育发达地区的名师，绞尽脑汁地去把课讲得漂亮、打动人，没这个必要。反过来，老师应该把自己的身段放得低一点，把自己看作学生的大朋友，有问题和学生一起探讨，这样老师的作用反而会变大。

民族地区要实现教育现代化，课堂要丰富和多样，主要应从三个方面着手：讲授、启发和探究。以前是只有讲授，现在是增加了启发，几乎没有探究。那么，以后老师讲的时候，一定要将讲授和启发结合在一起，多给学生一些积极思考的机会，让他们有机会讨论，让他们自己提一些解决问题的方案，等等。哪怕慢一点儿，也比老师自己在那里枯燥地讲要好。

有些事，说难也不难。快速提高民族地区教师的整体水平有些难，而改进教学方式则相对容易。但是新的教学方式又面临着新的难题：教师怎么引导学生，怎么恰当地切入？这些方面相对容易做到。

有人会问为什么我们民族地区理科教师的观念要转变？有些经济发达地区教师的观念也没变呀？学生都是民族地区未来的栋梁，培养不出来就耽误了！"输血"不如"造血"，引进人才对于民族地区的经济社会发展不是治本之策。大力开展应试教育，靠考试改变命运，命运是改变了，但出去了还愿意回来的人又有多少？

教育一定要接地气，一定要着眼于本地的人力资源建设，为民族地区培养出可用之才，要真正培养学生的动手操作能力，使其掌握合作交流的本领，掌握基本的知识。这样的人做事才会有自己的想法。

有人说我的想法太理想化，我说这要是理想化的话，那就没有现实了。当前，就牵涉一个问题，少学了会不会影响升学？少学了会不会影响能力？反问一句，多学升学率就高了吗？未必见得。义务教育阶段，就是得把喜欢、好奇、热爱、合作、交流这些良好的学习品质当作主题词。

本刊记者：喜欢、好奇等学习上的积极品质，如果教师身上没有，孩子又怎样才能获得呢？

孙晓天：民族地区教师的整体水平比其他地区相对低，这是一个不争的事实，要弥补不足，一方面要依靠教师的成长，但转变教学方式也非常重要。

把时间、空间还给学生以后，老师的水平就降低了吗？实际上，老师跟学生一起成长了。老师水平低，你让他去使劲讲，学生的成绩也提不上去。如果让老师作为一个组织者、合作者、引导者，参与到学生的学习活动中去，至少他不会伤害学生的喜欢和好奇。比如，老师让学生讨论，学生把问题提出来了，老师不可能说学生提得不对。这个时候，可能老师就会对学生有一些鼓励。老师引导学生讨论，总会使用一些素材，这些素材总比冷冰冰的数字要生动得多，这样学生就会喜欢。学生是这样的：有表现自己的机会就喜欢，总把他边缘化，他肯定不热爱学习呀！那么，什么时候有表现自己的机会呢？大家一起讨论的时候。老师给他们提供一个空间，他们的热爱就多了一些。

当然，我们也可以认为这是一种不得已而为之的办法。在教师队伍水平参差不齐的当下，通过这种方式可以使学生的喜欢、热爱和好奇等积极品质得以保持。

（本文发表于《中国民族教育》2015 年第 4 期）

民族教育更要走上一条现代化的路

孙晓天

岁末，应该对中国少数民族教育发展谈些什么？一波波想法涌向笔端，该说的好像太多了，渐渐地，本文标题的这几个字冲在了最前面，成了我此刻最想说的话。

首先，要明确的是，如果学校仅仅有现代技术设备和富丽堂皇的楼舍，在这样的学校里，教育可不一定是现代化的。衡量教育的现代化，不在硬件在软件，关键在于教育从哪里出发，到哪里去。在教育必须面向现代化、面向世界、面向未来的进程中，弄清楚以下几点至关重要。

1）现代化的教育是从学生出发的教育，学生是学习的主人。

2）现代化的教育是为每一个学习者提供未来生活和职业准备的教育，而不仅仅是为了考试、升学。

3）现代化的教育是为社会培育合格公民的教育，对知识、技能的培养都要围绕公民核心素养的养成展开。

这几句话虽然简单，可差不多就是现代化教育的标准。其实，民族教育也在朝这个方向努力，可我总觉得劲儿还远未用对、用足。

问题是，其他地区用对、用足劲儿了吗？在经济欠发达、教育积淀不足的少数民族地区谈教育的现代化，是不是有点奢侈了？其实，这也是我们在民族地区调研时听到最多的反映。这也正是我特别想谈谈教育现代化问题的原因。

比如，除了听到的，在民族地区也常常可以看到：在某些地区吃不开的"奥数"正到那里拓展市场。一些纯粹以应试为目的的教辅材料已经影响到那里的考试命题。在一些地方，老师讲学生听、老师要求学生做几乎是唯一的教学方式。以数学学习为例，老师用十几分钟讲完概念，余下的时间就是训练学生做题。甚至有些办在内地的民族学校，虽身处大都市，却置身现代化的教育氛围之外，依旧沿袭着前文所述的教学方式。凡此种种，似乎都投射出这样的信息：应试教育能帮助少数民族学生改变命运，只有考试教育才是发展民族教育的硬道理，而考试教育不就是考什么、教什么，考什么、学什么吗？围着考试转，有什么不对？

乍一听，不无道理。仔细想想，问题就来了：靠应试教育能改变几个人的命运？那些不能上大学甚至不能上高中的学生将来怎么办？如果民族地区自身的基础教育发展以"应试"为目标，为提高升学率付出的代价如何弥补？对本地发展造成的人力资源问题如何解决？想追上发达地区的发展水平，人才从哪里来？自己培养不出合格的建设者，靠外部力量"输血"怎么能赶得上别的地区？人力资源问题是民族地区教育发展面临的一大问题，应试教育虽然能使少数人成功，但升学走后一去不返；多数人留下了，但由于是为应试所学，派不上用场，很快也就把相关知识忘了。考试教育对民族地区发展的正面用处有限，可负面影响很大。因此，民族地区发展教育就要坚持教育现代化的方向，更要踏上面向未来的发展道路，教育只有转化成少数民族学生作为公民的核心素养，学习才能成为他们真正的福祉。民族地区一定要不断调整方向，在教育目标、教育理念、教学行为等方面做出改变，坚决走上一条具有现代化意义的路，而且是非此不行，别无他法，宜早不宜迟。否则，就是有再多的资助、再漂亮的校舍，现状仍将难以改观。

问题又来了，上面这些话说说可以，做得到吗？怎样才能做得到呢？

做得到，从理论到实践都做得到。少数民族教育在历史上不乏超越时代走上现代化道路的成功先例。但是，民族地区的现状是否能适应现代化教育的需要？按目前的情况，实事求是地讲，显然还不能。整体上而言，一些思想上的弯子，从管理者到教师都还没有绕过来。如果坐等现状改变，根本无法改进，可以试着从局部先做起来。例如，传统的教学中，教师是课堂的绝对权威，教师水平不足，学生的学习水平肯定就上不去。在现代化的教育环境里，教师的位置与作用发生了重大变化，教师"水平"可以弱，但只要摆正位置，真心做一个学生学习的组织者、引导者和合作者，强弱之间就会发生转换。这一说法已经得到了大量实证的支撑。

再有，前面提到过民族地区的教学整体上仍然处于较陈旧的纯讲授式（灌输）状态，这不仅不利于学生的成长，也放大了教师队伍现存的一些短时间内难以改善的弱点。为了使现有的教师队伍能在更大程度上适应现代化教育的需要，一种最直接、有效的举措就是努力实现教学方式的多样化。我们现在听到、见到、用到的教学方式已经多到不胜枚举，无论冠以何种称谓，它们都是在接受式、启发式和探究式这三种教学方式的基础上，通过交互、延伸、融合发展而来的。换句话说，这三种教学方式是我们实现教学方式多样、丰富的基础。事实上，三种方式都不完美，各有利弊，正因为如此，才缺一不可，而且只有实现教学方式的丰富和多样，不同教学方式才能相互补充、各尽其用。设想一下，民族地区在教学方式的时间分配上能不能达到 5：3：2？其中"5"是教师的讲授，"3"是启发，"2"是以学生"主动参与、自主探索、勤于动手"为主的互动。未来，"5"可以不断缩小，"3"和"2"可以适当放大，即接受式的空间将有所缩小，启发式的功能将有所放大，而探究式将被不断提及、催生和拓展。这样做的结果是本文开头提到的那些"现代化"的标准至少在课堂里会愈发显现，教师的核心素养也一定会悄悄地生长起来。渐渐地，升学走了的，仍然可以不回来，留下的也可以担起发展民族地区教育的重任。

有人可能觉得上面说的这些还是离民族地区的现实太远，其实并不远！以教学方式的多样化和丰富为目标，至少比单纯提高讲授水平更容易上手，更有助于教师扬长避短。归根结底，教学方式是时代的产物，通过教学方式的变革走上教育现代化之路是可行的。而且，从教师的角度看，几乎没有别的选择。

举措很多，恕不再举，而比具体举措更重要的是：想不想有所改变？

（本文发表于《中国民族教育》2015 年第 12 期）

民族教育质量的提升离不开"精准"的教师培训

孙晓天

习近平总书记在谈到扶贫工作时指出：扶贫不能"手榴弹炸跳蚤"[1]，看起来声势很大，可效果有限，要讲究精准扶贫，把贫困的原因找准，切切实实地解决。

习近平总书记针对扶贫工作所说的"精准"，对民族地区的教师培训工作同样适用。民族地区教育要实现加速发展，也必须辅以"精准"的教师培训。国家和各省份教师教育主管部门对民族地区的教师培训都十分重视，民族地区教师参与各种培训的机会也不少，从实施情况来看，在取得成效的同时，普遍存在"手榴弹炸跳蚤"的现象，具体表现如下。

1）虽然培训专家的水平很高、讲的内容都很重要，可常常与民族地区教师在日常教学工作中面临的具体问题及困惑不对位，他们的现实需求往往难以在这些声势浩大的培训中得到满足。另外，专家一般是讲完就走，与培训学员之间缺少良好的沟通。

2）实行双语教学的区、州，双语教师培训多聚焦于汉语言能力的提高，较少涉及学科层面的内容。这样的培训虽然对提高教师的汉语能力十分必要，但少数民族语言和汉语言之间在学科层面如何顺利实现表述形式的对接，在学科教学过程中如何顺利实现相关思维模式的转换等具体内容基本不涉及。因此，对于教师来说，在这样的培训中，相关的学科教学能力很难得到较大的提升。

3）在过去几年里，民族地区中小学的基础设施建设突飞猛进，学生的学习环境得到大幅度改善，教师的学历水平也有很大的提升，民族地区学校的面貌看上去与大城市的优质校已经没有多大差别。然而，研究结果显示，那里的学生的学业成绩并未得到相应的提升，有些地方学生的学业成绩与几年以前相比还降低了。究其原因，主要是一些民族地区的学校硬件水平提高的同时，软件建设相对滞后，不仅在办学理念、管理水平、学科建设等方面变化不大，教师培训工作在培训形式、内容和要求等方面也没有发生相应的改变。教师的培训机会是越来越多了，但培训缺乏针对性的问题并没有得到相应的关注。

总之，一方面民族地区的学校基础设施建设突飞猛进，另一方面学生的学业成绩却止步不前；一方面广大教师非常需要得到培训，另一方面当有了培训的机会时，他们又经常会表现出倦怠情绪。这种现象的出现，固然有多方面的原因，但没有摸准培训的脉搏、不清楚民族地区教师在培训方面的迫切需要是什么，显然是其中一个重要原因。因此，只好"用手榴弹炸跳蚤"，教师培训投入巨大，可实际效果难说理想。

民族地区学生的学业成绩与教师的执教水平关联程度最高，教师培训是民族地区保证学生学业成绩的重要一环。民族地区既要把教师培训搞得轰轰烈烈，也要注重"精准"二字，通过有针对性地开展教师培训，切实提高民族地区教师的执教水平。目前，在普遍性、常态化的教师培训工作仍由教师教育主管部门统筹安排的同时，民族地区教育主管部门有必要瞄准这些"面上"培训项目的弱项，以"精准"为题，有针对性地开展小规模、有特色的教师培训活动。

对此，笔者对开展精准培训提出如下具体建议。

第一，精准选择培训对象。教研员是一个区域教学工作的"领头羊"，骨干教师是一所学校教学发展的带头人。研究结果显示，目前"三区三州"的教研员队伍失位现象比较严重，各级行政部门交办的与教研无关的任务繁多，临时性工作由教研员出面顶岗的现象比较普遍，而且越是基层，这种情况就越严重。这种失位形成的教研员不"教"、不"研"，导致这些地方教研员的自身能力、研究水平和开展教研工作的执行力普遍下降，有不少地方整体教研功能缺失，这都直接影响到了民族地区，特别是县镇、乡级少数民族聚居地区基础教育质量的提升。精准选择培训对象就是要从重塑教研员和优秀骨干教师队伍开始。

教研员和骨干教师对民族地区教学的影响很大，其人数不会很多，以他们为对象开展有针对性的专业培训是可行的。具体的培训内容可根据基础教育不同学科的特点精心推敲、设计，在形式、内容和要求方面则要努力超越一般培训渠道的功能，不仅注重提升他们自身的教学能力，更要远远超过个人提高的需要，为"三区三州"基础教育的长远发展培育一批优良的教研教学"种子"，通过他们的"辐射"，达到以点带面的作用。

第二，精准设计培训框架。培训框架一般包括培训团队、培训方向、培训形式等方面的内容。培训框架设计的精准应体现在尽力避免那些大而无当、容易使培训者产生倦怠的内容，要使培训团队、培训方向、培训形式诸方面融合在一起，形成合力，具体如下。

在培训团队的组织方面，要尽量压缩专家教授的授课空间，使他们的参与在整个培训过程中提纲挈领、点到为止，不宜贯穿始终。在压缩专家教授授课空间的同时，要尽力拓展经验丰富的教研员、一线教师担纲培训讲师的空间，要让那些深通理念、一步步走上"教而优则研"道路，特别是有丰富的教材编写经验，集"教、研、编"于一身的内地教研员、优秀教师支撑培训大局。

在培训方向的设定方面，应充分体现教育现代化的风云激荡。特别是衡量教育的现代化与否不在硬件在软件，关键在于要明确教育的出发点与归宿。例如，现代化的教育是从学生出发的教育，学生是学习的主人。这些基本要求是对民族地区教育教学发展至关重要的方向指引，是民族地区教育实现加速发展的重要前提，也是一定要精确瞄准的目标。

在培训形式的选择方面，要做到多元一体，除通常所说的听课等形式之外，还必须包括以下几种形式：①到培训所在地学校进行现场实践，如评课、讨论，与那里的教师面对面交流；②有专人负责，留出专门时间，为消化、吸收相关的培训内容开展专门讨论，不能听过、看过就万事大吉；③在培训过程中，每天都要布置与当天培训内容相关的作业，回收的作业要全体学员共同分享，等等。这几种形式与其他常见的培训形式组合在一起，就可以实现培训形式的精准。这种多元一体形式的精准，不仅有助于学员克服倦怠，而且通过营造昂扬的氛围，能引导学员在面对培训压力时乐此不疲。

第三，精准确定培训内容。归根结底，是具体的培训内容决定着教师培训的质量。精准确定培训内容是民族地区精准开展教师培训工作需要优先考虑的方面，因为一旦内容不当，即便对象选择、框架设计再精准，也可能会造成资源空耗，无的放矢。

总的来说，**精准确定培训内容**是指民族地区的教师培训不能再走"大帮哄"的老套路，要为"三区三州"的教师开点"小灶"。根据我们多年研究民族地区教育问题的经验，培训内容的精准应体现在以下三个方面。

一是关于学习的本质与学习所应遵循的规律的培训，具体包括两方面内容：①脑科学与少数民族学生的学科学习；②认知心理与面向少数民族学生的学科教学方略。这里的学科指国家规定的基础教育学科门类，例如，数学学科的培训内容就应当聚焦少数民族学生的"数学学习"。进行此类培训的目的是针对民族地区学生的学习现状，从科学的角度弄清楚什么是教师应该做的，什么是教师应该慎做的，什么是教师应该极力避免的，什么是教师应该全力以赴的。培训能帮助教师确定清晰的教学目标，在提高教学执行力的同时把握好方向。

二是以概念教学为主题。笔者在以往对民族地区教育教学现状的调研过程中发现，教师对概念教学的内涵与意义不是很清楚，这已经成了影响民族地区学生学业水平的一个重要原因。在许多学科教学实践中，概念已经被异化为考试的对象，围绕着概念的教学主张往往是死记硬背和机械训练，这往往会导致一个学科应有的科学基因和育人功能难以体现，也浪费了少数民族学生宝贵的学习时间。

每一个学科本身就是一个概念体系，其中每一个概念都是该学科作为一门科学的根基。因此，如果概念教学出了问题，整体的教学效果就无从谈起。以概念教学作为培训的主题，就是培训内容精准的具体体现，具体包括以下三方面内容。

1）着眼于学科概念的形成过程。

2）瞄准这些概念与民族地区学生熟悉的现实生活的联系。

3）在上述基础上，提炼学生必须掌握的方法和技能。

这样所有的具体培训内容都要沿着概念教学这条主线展开，着力挖掘这些概念的科学基因和育人作用，围绕相关学科教学实践中的重点和难点问题进行细致的安排。

三是实地观摩教学。实地观摩教学的时间要占全部培训时间的 1/3 以上，具体包括以下三方面内容。

1）选择培训所在地有代表性的学校和有代表性的教师开设概念教学的现场讨论课。

2）每节课后，通过现场即时的点评分析与互动研讨，以刚刚经历过的真实课堂教学为案例，从理论与实践相结合的层面，促进学员对概念教学的理解与把握。

3）在课后自主设计相应的教学案例。

限于篇幅，关于培训内容的表述仅能给出大致的方向，具体内容要由各学科教师根据不同学科的特点，详尽地做出具有可操作性的设计。其中，前两个方面的内容是本文出于精准要求的专门考量，在通常的教师培训中不多见。实地观摩教学已经是一般教师培训活动的规定内容，但通常是蜻蜓点水式地走走过场，这里重点强调了它的内涵。

本文从培训对象、培训形式、培训内容三个方面分析探讨了精准开展教师培训的含义，其中的观点和做法已经得到小范围实践经验的支持，是否真正具备大范围的实用价值，唯有进一步进行探索尝试。民族地区教育水平的提高，教师是关键，教师水平的提高，精准培训是关键，"三区三州"的教育部门有必要率先尝试开展精准的教师培训。

参考文献

[1] 扶贫不能"手榴弹炸跳蚤"[EB/OL]. http://m.people.cn/n4/2018/0814/c4049-11444128.html[2020-08-05].

（本文系作者在第二届全国民族教育专家委员会成立大会上的发言稿，刊于《第二届全国民族教育专家委员会成立大会论文集》，2019 年 11 月）

把数学教学改革引向深入

孙晓天

习近平总书记在2018年9月召开的全国教育大会上发表的重要讲话中，提出了"在增长知识见识上下功夫"[1]的新要求。这个"知识见识"一体的学习目标是一个新观点。他还进一步提示，应把功夫下在"教育引导学生珍惜学习时光，心无旁骛求知问学，增长见识，丰富学识，沿着求真理、悟道理、明事理的方向前进"[1]。其中的"悟道理"也是一个新要求。

"见识"意指涉猎广泛、视野开阔，能明智地认识事物和正确地做出判断。注意，见识不仅指见多识广，还要用来认识事物和做出判断。简言之，"见识"与被动学的关系不大。

"悟"意指体会到某件事的意义。注意，某件事的意义不是"被告知或被教会"的结果。简言之，"悟"与被动学习的关系也不大。

"长见识"与"悟道理"，朗朗上口，通俗易懂，与一些常见的、宏大的理论体系相比，不仅入口浅、发展空间大，而且显得温暖、接地气，是每个公民都能明了和接受的要求。

再细思之，将"知识见识"融为一体作为学习目标的意义重大。其中，知识可以灌输，但见识灌输不了；规则可以灌输，但意义灌输不了。所以，"知识见识"从目标的角度对教学方式提出了新要求，即必须调整以被动学习为主的教学形态，应该改变从头到尾都"被动"的局面。另外，无论"长见识"还是"悟道理"，都不是"教"得了的，都不可能一蹴而就，都要通过一个学习者主动接触、主动参与、主动尝试、主动探索的过程来体会、认知，逐步达成。这个过程大体勾画了一个学生主动学习所需的教学形态轮廓。

其实我们都清楚，这种主动学习的教学形态并不新鲜，我们一直在尝试，从 2001 年《基础教育课程改革纲要》颁布算起，已经有很多年了。诸如课题学习、探究学习、深度学习、分享学习、先学后教、以学定教等要求、举措、手段轮番上阵，这些都是为拓展学生主动学习的空间而提出的。但在具体实施过程中大都表现为先紧后松、雷声大雨点小，公开展示轰轰烈烈、关起门来依然故我的现象比较普遍。很长时间以来，现实的教学情况与使主动学习成为教学常态这一目标仍相距甚远。之所以如此，除了主动学习经常会在考试教育这一现实面前碰壁，也与这些改革举措多少都偏重于教学形态本身，而对教学形态是由学习目标决定的这一点关注不足有关。因此，遇到挫折时，往往少了点理直气壮的勇气。

因此，当"知识见识"一体作为概念出现时，的确鼓舞人心。这一提法在完善学习目标的同时，也拓展出学生主动学习的形态和空间，指明了教学改革深入开展的方向。沿着这个方向，就有可能使学生从被动学习的状态中解脱出来，逐步走上知识见识并重、讲道理和悟道理同行、被动学习和主动学习均衡发展的学习之路，激发教育改革创新应有的生机与活力。

如果明确了是目标决定教学形态，那么每一位教师都有必要立刻行动起来，在理解"长见识、悟道理"意义的基础上，以学生的主动学习为方向，积极探讨被动学习和主动学习在教学形态上的均衡配置、合理安排问题，进一步把数学教学改革引向深入。

参考文献

[1] 习近平：坚持中国特色社会主义教育发展道路 培养德智体美劳全面发展的社会主义建设者 [EB/OL]. http://baijiahao.baidu.com/s?id=1611223577946760049&wfr=spider&for=pc [2018-09-10].

（本文发表于《小学数学教师》2019 年第 1 期）

提升理科教学水平，教研员为什么那么重要？

何 伟 王 虓 苏傲雪

受教育部民族教育发展中心委托，自 2011 年开始，中央民族大学数学教育研究所对我国民族地区义务教育阶段学生的数学学业水平进行了为期四年的调研，共涵盖 8 个少数民族聚居地区的 157 所中小学。在每个调研地区，都有各级教研员陪同参与调研。

与这些教研员的接触，加深了我们对民族地区教研员队伍现状的直观了解。我们深刻地体会到，教研员的专业水平和敬业程度，对于提高民族地区理科教学水平具有重要意义。

一、什么样的教研员对教学有帮助

教研员是学科教学的骨干，是把课程标准落实到教学中的关键，其作用至少体现在两个方面：从教学实施的过程来看，教研员是教学的指导者和监督者，他们通过听课、评课等方式指导和监督一线教师将课程标准的教学理念落实到教学中去；从教学结果的评价来看，教研员是教学评价的主导者，他们负责所在地区的考试命题及教学评价，并通过评价结果促进教学的发展。这两种角色不是截然分开的，而是相互融合、共同促进的：指导和监督的结果需要评价来反馈和保障，评价则是为了更好地指导和监督。

下面我们从以上两个方面谈谈调研过程中遇到的一些有代表性的教研员。

在四川，一名教研员陪同我们去听小学五年级的一节数学课，刚进教室，就有一些学生认出了他，而且还开玩笑说"下次考试题目出简单点啊"，由此可以看出，这名教研员经常来这所学校。听完课后，该教研员及时与任课教师交流，充分肯定了教师的进步，并指出了需要改进的地方。

此外，该教研员还在其负责的区小学引进了一种新的评价体系。这种新的评价体系不是给学生简单排出名次，而是每年给每所学校、每个班、每个学生一份评价报告单，以使老师、家长充分了解每个学生在学习上的优势、劣势。我们发现，这所学校的学生阳光、快乐。

在内蒙古，一名教研员全程参与了我们的调研，这是一位学者型教研员。一路调研下来，该教研员做过 3 次评课，让当地老师和调研组都受益匪浅。例如，在一所农村小学，我们听了四年级的一节数学课，课后该教研员首先讲了评课的共同标准是"国家课程标准"，之后又具体阐述了标准包括几个要素，体现出了教研员对"课程标准"的熟稔和深刻理解。按照这样的标准对该节课进行具体点评，其效果远远超过了一些离教师教学实际很远的师资培训。

以上是我们看到的有素质、敬业的教研员代表。虽然很多民族地区条件艰苦，一些农村学校地处偏远、交通不便，但一些教研员十分敬业，经常参与学校的集体备课、听课、评课等工作，及时解答教师在教学过程中遇到的一些困惑，他们确实称得上是教师队伍的"领头羊"。

二、教研员不称职就是在起反作用

可是，我们调研所到的不少民族地区，教研员不仅不是"领头羊"，有时可能还要拖教育现代化的后腿，某些教研员甚至是通过特殊关系混进这支队伍的。一方面，他们的工作态度不端正，没有尽心尽责；另一方面，他们缺乏专业素养，根本不会评课，只是把这份工作当成一种行政任务，去学校更像是行政领导视察工作，很少去听课、评课。在这些教研员所在的区域，不少教师反映，教研员在新课程理念的传输、引导、培训方面发挥的作用有限，教学指导、试卷命题等方面的工作主要是按传统套路进行，不仅陈旧、过时，应试教育、题型教育的味道浓，而且不了解实际教学情况甚至不了解教材进度的情况时有发生。例如，某县教研员由于不熟悉新教材，也不了解新课程的评价标准，依然沿袭旧教材的内容进行命题，导致试卷中有高达 20 分的知识内容是学生没有学过的，出现了较为严重的考试事故。教研员如此，其所在地区贯彻新课程的理念和要求时就容易出现偏差，这已经成为一个不容忽视的问题。

再举个典型的例子。在调研中,有相当数量的数学课被教师上成了"背诵课",教师给学生总结规律,并让学生集体记忆数学公式、解题步骤等。例如,在某地区的一节一年级的数学加法课上,课程开始教师让学生背诵"十加几等于十几,十几减几等于十,十几减十等于几",教师还让学生解释为什么"10+4=14"。我们印象深刻的是,一个胖胖的小学生,刚上课时积极、活跃,但到课程后半段时,则彻底被老师的解题口诀弄糊涂了,不会计算了。民族地区类似的课堂不在少数,老师认为利用简便算法、记住解题步骤能起到事半功倍的效果,可他们不知道,小学生要经历大量的、形象的动作操作(如数火柴棍、石子),在心里想象实物进行计算,形成数的概念,以及直接通过符号计算这样的认知发展过程,才能理解并掌握所学的知识。出现这样的现象,主要原因是授课教师自身的素质有待提高,同时也说明教研员没能起到良好的指导、监督作用。

三、让更合适的人来带领教师进步

教研员作为学科教学的中坚力量和骨干分子,指导任课教师讲课,是学科教研的带头人物,也是将课程目标落到课堂教学中的关键人物。为此,地方教育行政部门应当重点抓好教研员队伍建设和培训,对现有的教研员队伍进行整顿并加大培训力度。

这里所说的整顿,包括以下三方面:一是观念陈旧,对新事物有抵触,只能模仿、缺少探索的人,不适合在民族地区做教研员。越是民族地区,教研员越不能凑合。凑合的结果,只能是民族地区的教学工作越来越差。

二是选拔有热情、有基层学校教学经验、善于发现问题,并对民族教育的未来充满希望的人充实教研员队伍。这些人的水平、资历、经验可以一般,但一定要肯学习、想干事,并且有一定的学习和实践能力,如果再掌握一些沟通本领和具有一定的凝聚力就更好了。

三是选拔新人时,各种各样的问题层出不穷,使新任教研员对教研员工作的原本期待落空。因此,一定要从一开始就把教研员工作的职责及艰巨性、挑战性说清楚。

这里所说的培训具体如下:首先,要使新课程的理念成为教研员的理念，使新课程的要求成为对教研员的基本要求。这是底线要求，一定要争取达到。因为新课程的理念和要求就是教育现代化的具体体现，符合民族地区实际，有操作性，对于民族地区的教研员完成各项工作，尤其是教学指导工作具有至关重要的意义。

其次，要聚焦教研员工作的基本规范与基本程序，在形式上保证教研员具备有序、有效、稳妥地开展工作的技能。对说课、听课、评课等基本的教研工作环节，要形成制度化的操作程序。

培训在宏观上要解决理念的转化问题，在微观上要适应提高教研员的工作技能的需要。只要聚焦培训目标，摆脱以往的培训走过场、流于形式的弊端，教研员队伍的素质就会一步一步得到提高，进而使教师队伍的整体面貌发生改变。

民族地区理科教育薄弱是一个不争的事实，主要原因不是硬件条件问题，而是师资力量薄弱。民族地区教师队伍建设千头万绪，抓住了教研员队伍这个关键，就是抓住了"牛鼻子"。因此，教研员的地位就显得尤为重要，越是教育水平不高的地方，越应该加强教研员队伍建设。

（本文发表于《中国民族教育》2015 年第 4 期）

再谈民族地区教研员的重要性

何　伟　董连春　苏傲雪　桑比东周

2019 年 11 月 20 日，《教育部关于加强和改进新时代基础教育教研工作的意见》出台，明确了教研工作是保障基础教育质量提升的重要支撑。针对民族地区教研工作，该文件特别指出，应组织教研员到农村、贫困、民族、边远地区学校和薄弱学校持续开展教学指导，帮助乡村学校和薄弱学校提升教育教学质量。该文件彰显了国家对民族地区教研工作的高度关注，也对新时代民族地区教研工作提出了更为明确的要求。

我们很早就开始关注民族地区的教研工作和教研员情况。自 2011 年开始，我们所在的课题组对 8 个少数民族聚居地区的 157 所中小学的理科教学与教研情况进行了为期 4 年的调研。基于调研，我们在《中国民族教育》杂志 2015 年第 4 期刊发了文章《提升理科教学水平，教研员为什么那么重要？》。我们呼吁：越是民族地区，教研员越不能凑合。民族地区教育教学质量的提升，必须要依赖一支专业素质强的教研员队伍。

2017—2019 年，在教育部民族教育发展中心的支持下，我们连续三年开展了"三区三州"小学数学教研员和骨干教师示范培训，培训学员覆盖"三区三州"的每个县，包含"三区三州"的基层数学教研员 99 人。通过培训，我们进一步了解了民族地区一线教研员的工作状况与最新变化。同时，2019 年，我们还到西藏、青海等地进行调研，与部分省（自治区）、市、县的教研员进行了交流。

结合新时代对民族地区基础教育教研工作的要求，以及近年来与基层教研员的交流，我们深切地感受到，有必要分析民族地区教研员的工作现状与变化，以凸显教研员对于民族地区教育教学的重要性。

近年来，教研员的专业水平有了显著提高，2011 年，我们团队对民族地区理科教学质量展开了大规模调查，发现民族地区不少教研员的专业素养不足，对新课程理念缺乏认识，听课时只是走走过场。某些教研员由于缺乏相关学科的教学经验，基本无法评课，更不能指导教师开展教学教研工作。

我们在开展培训的过程中发现，教研员群体的业务水平有了显著提高。在省级、市级教研员中，博士占一定比例，学科教研员一般都有一线教学的经历。与每一位教研员交流时，我们都能感受到他们端正的工作态度、高涨的学习积极性，以及改变民族地区教育现状的强烈愿望。他们既有自己的想法，又有教学教研方面的实践能力。

一、一些待改进的问题仍然存在

首先，教研员的工作职责依然不明晰。在与各级教研员交流的过程中，他们反映最多的问题是教研室编制太少、工作量太大。很多教研员指出，他们往往要承担大量教育局其他科室安排的工作，很少有足够的时间从事本职工作。比如，某县由于县教育局没有基教科，教研室不但要完成本职工作，还要完成本该由基教科承担的各项任务，如订教材、领教材、发教材等，以及教育局安排的各种临时性工作。

其次，具有较强学科背景的教研员仍然不足。在民族地区，"研非所教"的现象仍然明显，往往是一个教研员负责几个学科的教研工作，且指导能力有限。例如，一名年轻的县级教研员毕业于历史专业，却要负责小学所有课程的教研。她说："我是历史专业毕业的，听不懂数学课，在听数学课时只能关注教学流程是否规范，完全不能对老师的课进行深入评价。"某地区省级教研员共 13 人，其中数学学科教研员 1 人，他要负责从小学到高中的所有数学教研工作，包括藏文数学。这位教研员说："希望能再有一名小学数学教研员，这样我就可以专心做好中学数学教研工作了。"

最后，教研工作边缘化现象仍然严重。除了编制少、教研员要做大量的额外工作，教研室工作在各地受到的重视程度也普遍不高。某地区的一名市级教研员说："自治区有教研员条例，市里有更细的条例，但领导不知道，也不管，学生成绩好与我们没关系，但成绩不好时，特别是考上内地班的学生数少时，领导就会说教研室要加大教研力度。"一名县教研员说："听课、评课是我们最开心的时刻，我们经常上午在一所学校听完课，中午吃点干粮，装点开水，再赶路到另一所学校去听课，很踏实。从县里到乡下学校很远，而县教育局只有一辆公车，经常需要开自己的车，但汽油费、修车费等费用很难报销，所以去偏远的学校很困难。"

二、教研员是提高民族地区教学质量的骨干力量

尽管民族地区教研员的工作强度大、工作职责不明晰，在一些地方教研员的工作不被重视，但是他们的整体精神面貌较好，改变当前教育落后现状的愿望强烈，并且有越来越多的教研员能够积极主动地结合实际创造性地开展工作。例如，拉萨市林周县教研室 2017 年被评为优秀教研室。近年来，该县的小学和初中（作者注：该县没有高中）的学业成绩在拉萨 7 个县中始终排在前两名。我们认为，这一成绩的取得，与该县有一个优秀的教研团队是分不开的。下面，我们主要介绍一下这个团队所做的工作。

一是关于听课、评课。听课是教研员开展教研、了解教师日常教学工作的最好渠道。拉萨市规定，每名教研员每年要听课 60 节。林周县教研室的 7 名教研员并没有满足于此，他们每学期至少听课 40 节，并对所听的每一节课都认真点评。教研室规定，无论一堂课的教学效果如何，为了激发教师的教学热情，都要首先提出该节课的 4～5 个优点，再提出 2～3 个需要改进的地方，同时做好跟踪记录，下次再听这位教师的课时看看是否有改进。该县教研室主任说："有一次，拉萨市进行素质教育验收，随机听课，一位刚毕业的美术专业的老师被抽到上数学课。那节课上得一塌糊涂，但是看得出来，上课的老师是认真准备了的。为了不打击这位老师的教学热情，我点评时说，'听了这位老师的课，我想起当年第一次走上工作岗位的自己，也是初生牛犊不怕虎。我觉得这个老师胆子特别大，对学生特别耐心，但是教学经验有待积累，身上肯定存在很多值得改进的地方'。我没有提上课的内容，如果我去点评上课的具体内容，这位老师也许会自暴自弃，我要给老师留面子。最后，我还提出这位老师在哪些方面需要加强。我是第一个点评的人，其他点评人听了我的发言，也纷纷回忆起自己第一次上课时的情形。当前，一些领导或专家在公开课评课时直接把老师批评哭的情况时有发生，这样的点评并不能帮助老师进一步提高。教研员要清楚评课的目的是提高老师的教学能力，而不是要把老师一

棍子打死。评课要求教研员既要有专业素养，又要懂得心理学、教育学方面的知识，夸人要夸到点上，不能为了应付而夸，夸的目的要指向教学效果的改进与提升。"

二是关于考试命题。教研员是教学评价的主导者，他们负责所在地区的考试命题，通过分析考试结果，对教学进行评价，进一步促进教学的发展。林周县每个学期的期末试卷都由教研室负责出题。例如，小学一至六年级的语文试卷由一位教研员出，出完题后，印试卷、封装试卷、将试卷送到学校、安排不同学校交叉监考、组织批改试卷、试卷分析等工作都是由教研室主导完成的，工作量很大。

三是关于上示范课。在东部发达地区，一般示范课都是由一线教师上，教研员主要负责指导和点评。然而，在一些民族地区，由于各方面的局限，某些一线教师往往很难有效地设计一堂高质量的课作为示范课，因此教研员会参与上示范课。从 2018 年开始，林周县教研室规定，每名教研员每学期至少上一节示范课。对于教研员上课这件事，该县各学校的反映良好，老师们的评价很好。一名教研员能上好课，老师自然会佩服。

四是关于校本教研。林周县教研室主任说："每个学期，教研室全体成员要到县里所有的学校开展教研活动 5～6 次。从县里到最远的学校开车要 4 个小时，把全部学校都走一遍需要一周时间。同时，教研员每学期还会重点帮助一所教学薄弱的学校，力求为该校每个学科培养一名校级教学骨干，活动结束后让这名骨干教师上一节公开课。有的学校老师之间不是很融洽，老师与教研员也很陌生，教研员会在进校时带一些小礼物，与老师们开茶话会、做游戏，让老师们把心里话说出来。这样既增加了相互的了解，教研员也摸清了每名老师希望得到什么样的帮助，以及能给老师提供哪些帮助。我们的教研员与县里每所学校的老师甚至是学生都很熟。"一名教研员与他所在区域学校老师、学生的熟悉程度，在某种程度上可以反映出这名教研员的敬业程度。

五是关于课题研究。从 2019 年开始，林周县教研室在全县学校分学科开展小课题研究。该教研室主任说："我们开展研究，不是为了做课题，而是要深入到学校、学生，最终让学生受益。"在一些地方，教研员提到最多的是他们的工作经常被领导要求写材料、陪同领导检查等临时性工作打乱。该教研室主任说："我们所有安排好的课题研究工作不能给各种临时工作让路，我们要按照计划开展课题研究工作，宁可我们牺牲休息时间，加班加点，让领导有些不满意，也一定要把计划的工作完成。"

拉萨市林周县教研室的工作应该是很多民族地区县级教研室工作的缩影。教研员克服编制少、工作量大、工作常常不被重视等不利因素，开展了大量实实在在的促进教学有效开展的工作。

民族地区的教育质量特别是理科教育质量薄弱是不争的事实，只是这一事实背后的决定因素已经发生了质变。近年来，民族地区学校的硬件条件在国家和地方政府的重视下有了翻天覆地的变化，无论是县里还是乡里，比较好的建筑基本都是在学校。当前，提高教育质量的关键在于提高教师的专业素质，而提高教师专业素质的关键就是重视教研员队伍。因为教研员是学科教学的骨干，是把课程标准落实到教学中的关键。

为此，我们希望在民族地区补全并适当扩大教研员编制；明确教研员工作职责，不要让他们做太多额外工作，为他们开展教研工作提供时间保障；重视教研员工作，为他们到学校开展教研工作提供保障。

（本文发表于《中国民族教育》2020 年第 1 期）

从学习习惯问题引出的思考

何　伟　苏傲雪　王　兢

自 2011 年以来，中央民族大学数学教育研究所对新疆、甘肃、宁夏、西藏、广西、四川、贵州、内蒙古等的少数民族聚居地区进行了较大规模的义务教育阶段理科教育现状的调研，先后在 158 所中小学进行了学生数学学业测试、学生问卷调查、教师访谈、听课测评、课堂实录，其中每个地区随机选取的学生数都不少于 1000 人。

调研得出的结论中，广西、贵州民族地区的情况引起了我们的注意。例如，与新疆、甘肃、西藏、内蒙古相比，广西、贵州没有双语教学的困扰，但测试结果与甘肃、新疆相比并不占优势，与内蒙古相比甚至有较大差距。甘肃、新疆、西藏、内蒙古民族聚居地区的许多学生在日常生活和学习过程中均使用本民族的语言和文字，对他们来说，这次调研所做的测试实际上是更难的。基于此，我们事先曾经假设：在这次测试中，地理位置毗邻广东等中东部发达地区的广西、贵州民族地区的学生成绩可能会更突出一些，但结果并非如此。广西、贵州的民族地区学生的数学学业成绩不仅不突出，事实上落在了其他地区的后面。这说明民族地区的数学教学虽受双语教学的影响，但更主要的原因可能要到社会、经济、文化、教育发展的大环境中去找。

影响学生学业成绩的因素是多方面的，而且这些因素产生的影响也不尽相同，其中一些影响会更大，有的可能具有决定性的作用，本次调研的目的之一就是要找到这样的影响因素。我们运用多元统计分析方法对调查问卷和测试成绩进行了相关性分析，结果发现，在广西和贵州，影响学生成绩的主要因素是学习习惯。

学习习惯通常是指与认真勤奋相关的一些必要性规范和要求，如按时完成作业、上课注意听讲等。良好学习习惯的养成除了要依靠学校教育外，也离不开家庭环境的影响，家长的引导在这方面起着相当重要的作用。家庭对学生学习习惯养成的重要性毋庸置疑，恰恰是在这个方面，广西、贵州暴露出的问题更突出一些。

在广西、贵州的县乡以下学校，受访教师普遍反映，家长不重视孩子的学习，许多家长认为孩子"在学校学习还不如外出打工""九年的学习跟不学没啥差别"；有的教师给家长打电话想谈谈学生的情况，家长却说"我正打牌呢，没时间"。部分家长对教师也不够尊重，认为"自己挣的比教师还多，所以教师没什么了不起的"。越是经济水平不高的乡镇，这样的家长越多。很多教师抱怨："我们成了免费保姆，对学生面面俱到，无一不管，如果我们不管，学生也就没人管了。"

西藏、新疆一些学生的父母虽然文化水平不高，但他们希望自己的孩子好好学习，对孩子的教育都比较重视。在广西、贵州民族地区，一些家长都外出打工了，他们不仅无暇关心孩子的学习，而且大多数一年之中只有过年才和孩子见面，其中不少人更是一去不返，丢下孩子不管。虽然广西、贵州民族地区学校的设施建设比西北部民族地区更好，几乎每所学校都有电子白板，但是学生的学习习惯有待改正、家长关心不够的现象比较普遍。教师和家长之间无法形成合力，使原本就不乐观的教育面临更大困难。这样的问题不解决，就无法谈及教育质量提升。我们通过调研得出，学习习惯是影响广西、贵州民族地区学生数学学业成绩的主要原因。表面上看是习惯问题，实际上是社会问题，没有家庭教育的强力支持，怎么能培养良好的学习习惯？

这样的问题不解决，我们为教育发展做出的努力与投入，有相当大一部分可能就打了水漂，这是摆在我们面前的一个无法回避的问题。

我们虽然发现了问题，但目前还无法给出解决问题的有效方案。

（本文发表于《中国民族教育》2015 年第 12 期）

把养成良好学习习惯作为民族地区教学改革的重心——从内地民族班学生学习习惯看民族地区理科教学改革

何　伟　孙晓天　董连春

本文结合我们长期对内地西藏班、内地新疆班学生数学与理科学习情况的调查与研究，讨论内地西藏班、内地新疆班学生数学与理科学习中存在的普遍问题，进而审视民族地区义务教育阶段的理科教学状况，以期为民族地区理科教学改革提供借鉴与参考。

根据教育部民族教育司的统计数据，很多地区举办了西藏、新疆学生内地高中班（以下简称内地班），在内地接受基础教育的少数民族学生规模逐步扩大。与此同时，内地班学生在理科（包括数学、物理、化学、生物等学科）学习中存在的"学习困难"问题也日益凸显。为探讨解决内地班学生理科"学习困难"问题的途径，从2013年开始，中央民族大学少数民族数学与理科教育重点研究基地在全国各地的38所内地班办班学校开展了实地调研，通过对学生进行数学学业测试、问卷调查、听课以及与师生座谈等方式，了解内地班学生理科学习的现状，探讨他们在学习上面临的主要问题，并寻找解决问题的策略。

一、内地班学生在理科学习上遇到的主要挑战来自不良的学习习惯

在我们调研所到的每所学校，都可以看到相互矛盾的两种情形：一方面，是内地班学生夜以继日、刻苦勤奋的学习场景，而且从调查问卷反映的信息可以看出，内地班学生普遍喜欢学习理科，而且这种喜欢主要是由积极的学习愿望驱动的；另一方面，从我们的测试数据来看，内地班学生的数学学业成绩并不理想，也可以说很不理想。看来，内地班学生的勤奋、刻苦和学习兴趣并没有在他们的学业成绩上得到体现。分析其中的原因，包括学生水平参差不齐、原来的知识基础相对薄弱以及对内地教学方式不够适应等方面。但根据我们的研究结果，内地班学生在理科学习上遇到的主要挑战来自不良的学习习惯，并且在以下几个方面表现得特别突出：一是一些内地班学生习惯用"死记硬背"的方法学习理科课程。很多内地班教师也反映："虽然内地班学生把吃饭、休息甚至洗澡的时间都用来学习了，但他们在课堂之外采用的学习方式就是背诵公式、定理和解题步骤。"

二是一些内地班学生比较明显地表现出"重结果、轻过程"的倾向。在课堂上，一些内地班学生希望教师告诉他们那些能记得住的步骤，至于教师对形成这些步骤所做的思路分析，他们则往往不感兴趣，甚至有学生公开表示：这些东西"没有用、不愿意听"。

三是一些内地班学生普遍对自主学习比较抵触，不愿意通过独立思考进行探究尝试。例如，一位内地班的数学教师组织学生针对某个具体问题展开小组讨论，一个本来学习成绩不错的学生却公开提出"老师，您别玩花样了，直接告诉我们答案吧"。

上述三种具有代表性的表现，反映了内地班学生学习习惯上存在的主要问题，而这些习惯性问题导致的直接结果就是，一旦遇到一个与见过的稍有不同的新问题，内地班学生通常会感到"束手无策"。我们对内地班学生所做的数学学业测试成绩不理想，与上述三个方面都有直接关系。

二、建立良好的学习习惯一定要从民族地区义务教育阶段抓起

理科学习离不开理解，而理解离不开独立思考，需要依托尝试探究。要达到这些要求，无论死记硬背、被动接受还是孤军奋战，都不能起到很好的作用。这些习惯不但耗费了学生大量学习时间，还影响了学生对知识内在关系的把握及融会贯通，无论对学生今后的继续学习还是知识在未来生活中的运用，都会产生较大的负面影响。特别是内地班学生绝大多数要进入大学学习，如果把这样的学习习惯带入大学，肯定会影响他们接受高等教育的质量。所以，必须认真对待内地班学生良好学习习惯养成的问题。

问题是，内地班学生刚从民族地区来到内地，一进入内地高中就表现出的学习习惯显然不是在内地养成的。在内地班发现的学习习惯问题，主要与民族地区的教育方式有关，学生已经在九年义务教育阶段逐步养成。因此，对于这些学习习惯问题，仅仅是内地班任课教师认真对待显然是不够的，就整体而言，建立良好学习习惯一定要从民族地区的义务教育阶段抓起。

事实的确如此，我们调研时就在校园见过很多学生大声背诵理科定义、定理的情景。例如，在某农村小学一年级数学课堂上，教师带领刚进校门不到两个月的学生背诵"十加几等于十几，十几减几等于十，十几减十等于几"这样的口诀，而学生在背诵时一脸茫然。又如，我们早上六点半到访一所藏族地区寄宿制学校，一进校门就看到全校学生都在操场上大声背诵，许多学生背诵的就是理科内容。另外，我们还经常看到教师讲课时只关注与考试有关的学习内容，也多强调学生要把定理、定义记下来，很少引导学生去分析、思考。有的学校甚至将其作为教学经验提出：理科教学中出现的各种规律、定理以及重要的概念，要让学生书写并背诵。实际上，死记硬背、机械训练等是很多民族地区学校普遍采用的学习方式。年复一年，死记硬背就成为那里的学生理所当然的理科学习习惯了。

事实上，以数学学习为例，某些背诵是没有教育价值的，真正有意义的事情是"做中学"，只有通过独立思考、亲身实践，学生才会进入理解的世界，成为知识的主人。少数民族学生在学习上的吃苦耐劳、艰苦奋斗有目共睹，可为什么理科学习效果不佳？为什么理科成绩上不来？为什么很多学生对

理科学习望而却步？其中一个重要原因就是学习习惯拖了后腿。综上所述，内地班学生的学习习惯问题就像一个窗口，让我们能够更加清晰地窥见民族地区义务教育阶段理科教学存在的主要问题。特别是在课程标准建设、教材改革等课程改革中的重要因素对民族地区的教育难以产生影响的情况下，把养成学生的良好学习习惯作为民族地区义务教育阶段教学改革的重心，必将为进一步深入推动民族地区的教学改革提供动力。对民族地区来说，能到内地学习的少数民族学生毕竟是少数，更多的少数民族学生要在家乡接受基础教育。因此，如果我们把良好学习习惯的内涵搞清楚，如重视提高教师的教学水平、加强硬件设施建设一样重视培养学生的良好学习习惯，把教学改革方面该做的、能做的事情做好，我们就有理由相信，民族地区的基础教育水平会有一个较大的提升。

（本文发表于《中国民族教育》2017 年第 5 期）

第二部分　民族地区数学
教学的现状研究

义务教育阶段国家数学课程标准在我国民族地区的适应性研究

贾旭杰　何　伟　孙晓天　苏傲雪　王　兢

本文基于适应性教育理念，建立能刻画课程标准整体适应性的定量化模型，在 8 个民族聚居地区（新疆、甘肃、宁夏、内蒙古、西藏、广西、贵州、四川）及北京抽取 158 所学校，以学生、教师等的测试卷、调查问卷、访谈记录为信息源，分析当地义务教育阶段数学课程标准的适应性，旨在使民族教育教学现状与国家课程标准要求之间的关系得以量化呈现。结果显示，民族地区整体对义务教育阶段数学课程标准的适应性较低，且差距在初中阶段明显增加。依据以上研究，本文提出国家数学课程标准应有利于民族地区教育的发展和推动民族地区教育进步的建议，只有国家标准设定合理，才有可能实现基础教育的普及性。

一、引言

当前我国教育进入快速发展阶段，课程改革不断深入，课程标准要求学校教育不仅要教给学生知识与技能，而且要培养学生的情感、态度与价值观，这就要求教师由知识的传授者转变为学生学习的引导者，并注重教学过程中的现代信息技术的应用[1]。我国少数民族地区有特有的文化、语言、风俗习惯等，其能否适应当前快速发展的教育改革？这些地区的教育发展能否与中、东部城市"齐步走"？我国数学课程标准在这些地区的适应性如何？能否在统一性的基础上兼顾区域、民族等方面的差异？这些均是民族教育领域普遍关注的问题。

适应性教育（adaptive education）是世界各国教育工作者都想努力达到的目标。英国政府提出的适应性教育理念强调使学生都能接受适合个性需求的教育，充分激发其潜能[2]，这与我国数学课程标准提出的"一切为了每一个学生的发展"[1]的基本理念不谋而合。教育学意义上的"适应"，是指教育主体根据未来的要求，主动做出调整，使之符合外部条件变化的要求[3]。

理科教育特别是数学教育的发展是与我国少数民族发展密切相关的重大现实问题，相关的宏观研究比较丰富，但在课程适应层面的研究较为薄弱。教育部基础教育司组织编写的《义务教育数学课程标准（2011年版）解读》中，提到有关《义务教育数学课程标准（2011年版）》的适应性研究的内容，主要涉及教学过程、实验教材编写和社会观念的影响等方面，并明确提出非常有必要深入研究该标准的适应性，因而如何准确、科学地评价和分析课程标准的适应性是一个非常重要的问题。

学术界对课程标准适应性方面的研究，不同学科有不同的进展，其中音乐、体育、英语学科相对较多，如傅建霞等[4]针对体育科目的新课程适应性问题进行了实证研究，总体上以定性研究居多。

数学作为通用、基础和工具性的学科，其课程标准的适应性研究尤为重要。从内容上看，对数学课程标准适应性的研究主要表现为以下几个方面。第一，在实践方面，主要研究了在实践教学和实践策略方面与课程标准的适应性[5]及课程的适应性与学校课程重建的关系[6]。第二，在教材方面，如朱德全和宋乃庆对数学新课标实验教材在西南地区的适应性进行了调查研究[7]。第三，在教师方面，主要有针对数学教师对新课程理念的适应性[8]以及教师提升课程适应性的相关策略的研究[9, 10]。除此之外，还有针对教育体制的适应性方面的研究[11]。

在课程标准适应性的研究方法方面，主要有基于量表和问卷的调查研究[12]，基于差异化检验的方法对不同因素适应性的差异比较研究[13]，综合运用文献研究、调查访谈与比较分析的方法进行的研究[14]等。在定量化分析学生的适应性方面，一般是利用学习适应性标准化量表进行测试，进而描述某一群体的学生学习适应性总体水平[15]。此外，一些研究者基于量表的方法从不同角度对课程标准实施背景下的学习适应性问题进行了研究[16-20]。

综上所述，无论是对课程中教师的教学适应性还是学生的学习适应性研究，大多凭借经验进行直观评价，主要停留在定性理论分析层面，少数定量分析的研究也是基于统计方法对分指标进行统计和比较，很少整体、系统地对适应性进行定量评价。本文试图把评价经验定量化，建立关于课程标准整体适应性的定量分析模型，并以民族聚居区发展相对薄弱的数学学科为对象，分析数学课程标准在我国民族地区的适应性。

二、研究方法与过程

（一）研究对象

本文以我国 5 个少数民族自治区（内蒙古、广西、西藏、新疆、宁夏）以及有少数民族聚居区的甘肃、贵州和四川共 8 个省份的县乡级地区为调研数据采集区，这些区域的少数民族学生在生活方式、学习用语、思维习惯等多方面都具有鲜明的民族特点和一定的代表性，并以北京及 8 个省份的省会城市为参照系数据采集区，针对 8 个省份的小学五年级和中学八年级学生进行分层抽样。2012—2017 年，共调研学校 158 所，举办座谈会 128 场，听课 112 节，有效学生问卷和数学测试卷各 9557 份，访谈教师数 1495 人次，详细情况见表 1。

表1 9个省份中小学调研情况一览表

地区	学校/所	测试/人	问卷/份	听课/节	座谈/场	访谈人数/人
甘肃	14	925	925	15	15	117
新疆	11	947	947	11	11	96
宁夏	24	1711	1711	9	19	219
西藏	23	1204	1204	8	17	144
广西	21	1067	1067	16	17	203
贵州	19	1033	1033	19	13	161
四川	17	1171	1171	15	16	247
内蒙古	23	1222	1222	15	16	298
北京	6	277	277	4	4	10
合计	158	9557	9557	112	128	1495

（二）研究工具

调研基于《义务教育数学课程标准（2011 年版）》的内容与要求进行，研究工具包括针对小学阶段五年级和初中阶段八年级的学生测试卷和调查问卷，以及针对教育部门管理者、学校管理者、教师、学生家长的访谈提纲。

1. 测试卷

测试题依据如下原则编制：一是"少而精"，目的是尽可能地使学生在精力比较充沛的状态下回答问题且不增加学生的负担，整个答题时间设定为 40 分钟；二是"全而准"，测试内容的难度和广度严格遵循《义务教育数学课程标准（2011 年版）》，内容涵盖其要求的各个知识领域并全面考虑其要求学生达到的水平。测试卷基本涵盖了该年级的核心学习内容，体现了数学与学生现实生活之间的联系，具有灵活、综合、有用的特点。测试卷的编制是本课题开展过程中用时较多的环节，经多方分别设计、集中讨论、审议、修订等多个环节完成，初步定稿后，征求了多位富有教学经验的中小学教师的意见，并进行了小样本预测试，结果表明测试卷具有较好的难度和区分度，以及信度（克龙巴赫 α 系数为 0.803）和效度。

2. 调查问卷

调查问卷是根据课题研究目标设计的，依据非导向性原则、同类型问题分散编排原则、信息要素不遗漏原则以及问题类型丰富原则进行编制，包含教材内容与设计、课程难易程度、课程对学生的吸引程度、学生学习习惯、教师教学用语水平五个方面，经过预测试、数据分析、问卷修订、专家审议等多个环节而形成。其中，五年级调查问卷共计 18 道题，八年级调查问卷共计 20 道题。调查问卷的统计结果均通过无量纲化处理转为数据信息，量化采用 5 点计分，分别为 0、0.3、0.5、0.8、1，分值越高，表示结果越积极正向。

3. 访谈提纲

笔者针对三个不同的群体分别设计了访谈提纲，访谈的内容模块与调查问卷基本一致。面向教师的访谈主要围绕教师对改革的参与程度、对《义务教育数学课程标准（2011 年版）》的认识深度、对《义务教育数学课程标准（2011 年版）》适应性程度的评估、对民族语言与汉语言的转化过程和数学学习效果之间的关系等方面的问题进行；面向教育主管部门领导、学校校长的访谈主要围绕当地民族教育的一般特点和取得的成就、面临的主要问题与挑战、迫切需要解决的问题及如何克服阻力、当地民族教育特别是数学与理科教育未来发展的前瞻等方面的问题进行；面向家长的访谈主要围绕家长对数学学习的看法及期待、孩子在数学学习中面临的主要困难、数学学习在孩子课外生活中的体现等方面的问题进行。

（三）调研方式与参照系

为了保证数据的准确性和严谨性，调研过程中由调研组成员进行实地采集。为了得出更加客观的结论，建立双重参照系，即采用北京和民族地区省会城市作为参照，在三地平行开展完全相同的调研。根据 2010 年开展的第六次全国人口普查数据，在全国所有地级以上行政区中，北京的受教育水平名列首位，其他排名靠前的城市多为高等教育中心城市或省会城市。因此，在北京和民族地区省会城市对中等水平的学校进行小样本抽样，在民族地区县乡采用分层抽样方法进行大样本抽样。

（四）课程标准适应性模型构建

当前对课程标准适应性的分析大部分为定性分析，本文借鉴史宁中等[21]建立课程难度模型的思路，建立课程标准适应性模型。课程标准适应性研究是在充分获取当地的教育状况信息的基础上进行的。为了使分析更为丰富、客观和精确，需要充分调研，本文建立的课程标准适应性模型以测试卷、调查问卷以及教师访谈记录为信息源，针对学生、教师两个层面从计量现行数学课程的客观与主观适应性出发，得出适应性分数。

1. 学生适应性

学生适应性包含客观适应性和主观适应性两个方面，其中客观适应性根据学生测试题的客观得分算出，α 为学生的客观适应性值，是学生的测试题得分均值，计算公式为

$$\alpha = \frac{\text{所有学生测试成绩总得分}}{\text{学生数量}}$$

主观适应性根据学生的调查问卷结果算出，β 为学生的主观适应性值，是基于调查问卷信息得到的计量值，计算公式为

$$\beta = \sqrt[5]{(b_1 \times S_1) \times (b_2 \times S_2) \times (b_3 \times S_3) \times (b_4 \times S_4) \times (b_5 \times S_5)}$$

其中，S_1 表示教材内容与设计得分；S_2 表示课程难易程度得分；S_3 表示课程

对学生的吸引程度得分；S_4 表示学生学习习惯得分；S_5 表示教师教学用语水平得分，由于学生的调查问卷中各模块得分与适应性不是线性关系，本部分采用几何平均的计算方法，其中 b_i（$i=1$，…，5）为各部分的权重，满足 $\sum b_i =1$，由专家打分并基于层次分析法得出。

2. 教师适应性

教师适应性是根据对教师的访谈记录量化数据计算得出的，γ 为教师访谈计量值。γ 的计算公式为

$$\gamma = \frac{C_1}{C_2}$$

其中，C_1 表示教师访谈记录中教师对课程安排、课本标准及教材的认可语句数，C_2 为访谈记录中教师的总有效语句数，γ 的计算方法反映了访谈过程中教师对现行课程标准适应性的平均认可度。

3. 课程综合适应性

课程综合适应性的计算公式为

$$S = a_1 \times \alpha + a_2 \times \beta + a_3 \times \gamma$$

其中，S 表示课程综合适应性分数值，α、β、γ 如前所述，a_i（$i=1$，2，3）为各部分的权重，且满足 $\sum a_i =1$，由专家打分并基于层次分析法得出。

模型中 S 的取值范围为 0～1，其中 1 为理想状态下的完全适应性。经计算得出的 S 以 1 为参照，给出数据采集区相对于国家课程标准的适应性分数，是对课程标准在该地区实施现状的精确考量。

适应性模型是一个统计模型，是受求"几何平均"方法启发建立的定量化计算适应性的方法，相较直观模型，可以给出适应性的精确的计量值，从而可以进行更为精确的研究和分析，具有准确、可比性强的特点。

三、民族地区数学课程标准适应性分析结果

（一）民族地区学生数学学业现状

以北京和民族地区省会城市为双重参照，9 个省份学生的数学测试成绩计算结果如图 1 和图 2 所示。

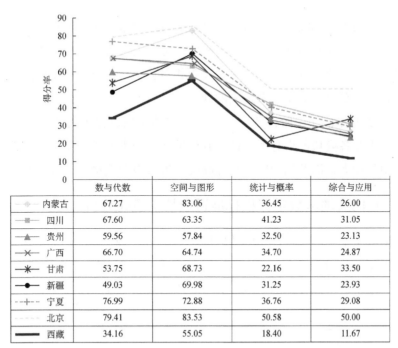

	数与代数	空间与图形	统计与概率	综合与应用
内蒙古	67.27	83.06	36.45	26.00
四川	67.60	63.35	41.23	31.05
贵州	59.56	57.84	32.50	23.13
广西	66.70	64.74	34.70	24.87
甘肃	53.75	68.73	22.16	33.50
新疆	49.03	69.98	31.25	23.93
宁夏	76.99	72.88	36.76	29.08
北京	79.41	83.53	50.58	50.00
西藏	34.16	55.05	18.40	11.67

图1 9个省份小学数学测试成绩统计

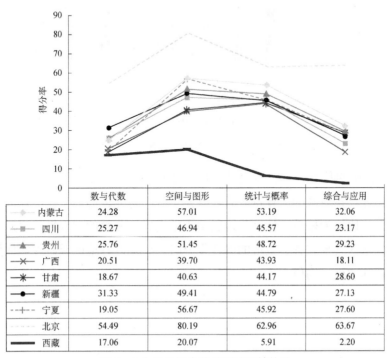

	数与代数	空间与图形	统计与概率	综合与应用
内蒙古	24.28	57.01	53.19	32.06
四川	25.27	46.94	45.57	23.17
贵州	25.76	51.45	48.72	29.23
广西	20.51	39.70	43.93	18.11
甘肃	18.67	40.63	44.17	28.60
新疆	31.33	49.41	44.79	27.13
宁夏	19.05	56.67	45.92	27.60
北京	54.49	80.19	62.96	63.67
西藏	17.06	20.07	5.91	2.20

图2 9个省份初中数学测试成绩统计

由图 1 可知，除北京外的 8 个省份学生的各模块得分率（学生在该模块实际得分除该模块总分）并不乐观。8 个省份学生与北京学生在各个模块的得分率趋势相对一致；内蒙古与北京的差距相对较小，在空间与图形模块，两者相差无几；西藏是与北京差距最大的地区。

由图 2 可知，初中阶段各省份学生的成绩两极分化更为严重，西藏尤为明显，学生在各模块的得分率远低于其他地区。初中阶段，民族地区学生成绩的差距明显加大，因此初中应当是提高民族地区教育质量的关键学段。

（二）民族地区数学课程标准适应性定量化分析

依据本文采集的数据，基于适应性模型 $S = a_1 \times \alpha + a_2 \times \beta + a_3 \times \gamma$ 计算得出各地区的适应性分数（具体算法见本文的课程标准适应性模型构建），9 个省份中学、小学数学课程标准适应性分数对比结果如图 3 所示。

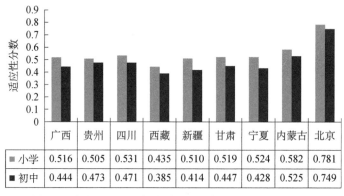

图3 9个省份小学、初中数学课程标准适应性分数对比

8 个省份的县乡地区、省会城市以及北京中小学的综合适应性分数如图 4 所示。在计算各地区的综合得分时，首先，计算各地区的综合适应性分数，以中小学人数比例为权重，计算各地区中小学适应性分数的加权平均值；其次，计算民族地区县乡和省会城市的综合得分时，分别以各地区调研人数比例为权重，计算其加权平均值。

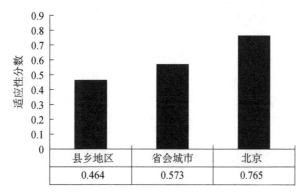

图4　民族地区县乡、省会城市与北京中小学数学课程标准适应性分数对比

（三）民族地区数学课程标准适应性分析结果

从定量统计分析结果可知，北京、省会城市、县乡地区数学课程标准的适应性分数呈明显递减，县乡地区与省会城市和北京的差距非常明显，图4中的县乡地区的平均适应性分数未达0.5分，表明民族地区数学课程标准的适应性水平偏低。

在数学课程标准适应性方面，北京和西藏仍然是两极，其余各省份的数学课程标准的适应性水平大致相当。总体而言，在民族地区，小学阶段各地区课程标准的适应性得分均高于初中阶段，小学阶段只有西藏的课程标准适应性得分在0.5分以下，而初中阶段只有内蒙古的课程标准适应性得分达到0.5分以上，各地区的小学和初中之间在数学课程适应程度方面存在的普遍性差异，值得进一步研究。

四、建议与展望

（一）民族地区必须提高对课程建设的重视程度

基础教育是民族地区各项事业发展的先导，应该把提高民族地区中小学课程建设的主动意识放在首位，提高抓民族教育关键性问题的能力。从课程层面提高民族地区的教育水平就是这样的一个关键性问题，而且这是一项关系到民族地区教育发展的根本性举措。提高民族地区教育质量已经到了必须深入课程层面的阶段，教育部门应该运用多种行政手段和资源大力推进此项工作。

（二）适度调整民族地区的课程方案

如果认定理科教育是民族教育的薄弱环节，适度调整民族地区的课程方案，使理科课程受到应有的重视是当务之急。在民族地区，要通过教师的教学和学科的魅力激发学生对理科学习的兴趣；要在理科课程中提高操作与实践活动的比例，使学生养成乐学、好学的风气。

（三）依托民族地区教师和学生自身的优势，有针对性地开展民族地区教育改革

师资是促进民族地区数学教育发展的核心，因为提高教学水平要靠教师来完成。虽然国家大力提倡和鼓励其他地区的教师到民族地区服务，但这方面的等待、依赖可能会延缓民族地区理科教育发展的进程。民族地区必须树立这样的信念：只有以当地人才资源为本建立教师队伍，才能真正解决从"输血"到"造血"的转变问题。在这个意义上，要努力探索双语教学环境下理科教师培训工作的新思路。以数学教师培训为例，民族地区数学教师的培训虽然离不开解题、对具体教学内容的研究，但更应该关注教师在两种语言之间思维方式和语言方式的调整与转换能力的提高，要在理解的基础上完成这一转换。解答下面的系列问题有助于帮助数学教师逐步领会思维方式和语言方式调整与转换的思路和节点：如何提出数学问题？为什么要提这样的问题？这个问题的教育价值在哪里？有何用途？有何发展？在学生的生活中有什么用？在学生的未来学习中有什么用？该问题孕育在什么样的生活背景之中？这样的背景在民族地区有没有？如果没有，还有哪些类似的案例？对上述问题的理解及在理解基础上的教学设计和实施，将有助于数学教师在两种语言之间实现思维方式和语言方式的调整、转换。为达到此目的，教育部门应当组织编写专门的教学参考资料和辅导书，选取、提炼有推广价值的课例和教学案例，并采取校本教研的方式对教师进行培训。

民族地区的一线教师是当地数学课程发展值得依赖的基础与核心资源，民族地区应依托本地区的师资优势来开展教育改革。

参考文献

[1] 中华人民共和国教育部. 义务教育数学课程标准[S]. 北京：北京师范大学出版社，2012.

[2] 吴慧平. 英国的适应性教育理念及实践[J]. 外国中小学教育，2011（8）：11-15.

[3] 顾明远. 教育大辞典[M]. 上海：上海教育出版社，1998：1434.

[4] 傅建霞，杨洪辉，冯志坚，等. 中小学体育与健康课程标准在苏北地区适应性的调查[J]. 体育学刊，2004（3）：86-89.

[5] 孔凡哲. 提升基础教育课程适应性的学校实践研究[J]. 课程·教材·教法，2017（10）：19-24.

[6] 伍远岳. 论课程的适应性与学校课程重建[J]. 课程·教材·教法，2017（5）：59-64.

[7] 朱德全，宋乃庆. 数学新课标实验教材在西南地区的适应性调查研究[J]. 中国教育学刊，2004（3）：32-36.

[8] 巩子坤，李忠如. 数学教师对新课程理念的适应性研究[J]. 数学教育学报，2005（3）：67-71.

[9] 李文萱. 增强课程标准操作性与适应性的区域策略[J]. 基础教育课程，2019（1）：25-31.

[10] 李琴芬，冯丽婷. 利用互联网提升中小学教师课程适应性[J]. 课程教育研究，2018（48）：176-177.

[11] 温铁军，邱建生. "三农问题重中之重"与我国教育体制的适应性调整[J]. 民族教育研究，2010（1）：30-33.

[12] 汪红烨. 城乡数学教师在新课程标准实验过程中的适应性研究[J]. 西南师范大学学报（自然科学版），2006（6）：183-186.

[13] 王嘉毅，赵志纯. 西北农村地区新课程适应性的纵向研究——基于2003年与2011年调查的实证分析[J]. 课程·教材·教法，2012（1）：3-11.

[14] 马晓凤. 西北民族地区农村教师对新课程改革适应性研究——以甘肃、青海、宁夏为例[D]. 西安：陕西师范大学博士学位论文，2015：29-30.

[15] 陈会昌，胆增寿，陈建绩. 青少年心理适应性量表（APAS）的编制及其初步常模[J]. 心理发展与教育，1995（3）：28-32.

[16] 张媛.《数学课程标准》在民族地区的适应性研究：对云南红河民族自治州初中数学教学实施的调查研究[D]. 重庆：重庆师范大学硕士学位论文，2007：8-9.

[17] 韩炯，李洁. 新疆区内初中班少数民族学生学习适应性及其影响因素研究[J]. 民族教育研究，2012（3）：20-25.

[18] 于波. 多元文化视角下的民族地区中小学数学课程教材建设——基于对部分民族地区调查的思考[J]. 民族教育研究，2011（3）：116-118.

[19] 李晓华，李悦. 青海藏族地区义务教育学校国家课程适应性研究[J]. 青海师范大学学报（哲学社会科学版），2017（3）：1-5.

[20] 柴军苏. 民族地区数学课程标准适应性问题的调查研究[J]. 天水师范学院学报，2007（5）：67-69.

[21] 史宁中，孔凡哲，李淑文. 课程难度模型：我国义务教育几何课程难度的对比[J]. 东北师大学报（哲学社会科学版），2005（6）：151-155.

（本文发表于《民族教育研究》2019年第4期）

关于民族地区数学课程难度问题的研究与思考

贾旭杰　孙晓天　何　伟

关于少数民族学生的数学与理科课程研究对民族地区教育发展至关重要。笔者以甘肃地区为例，以五年级、八年级的学生为对象，通过学生数学测试卷、学生调查问卷、访谈提纲、听课测评表、课堂教学实录等多元化的形式，对北京、民族地区省会城市、民族地区数据采集区域进行三地平行测试，进而分析当前民族地区的包括数学在内的理科教育水平及三地的差距，通过显著性检验分析，可以得出影响甘肃地区数学课程水平的关键因素是课程难易程度。因此，民族地区必须提高对课程建设的重视程度；适度调整民族地区的课程方案。

一、问题的提出

（一）"上好学"和"学什么"已经成为当前发展民族教育需要解决的首要问题

2011 年，中国已经全面完成了"两基"（基本实施九年义务教育和基本扫除青壮年文盲）攻坚任务，实现了义务教育的全面普及。随着民族地区的"两免一补"（对农村义务教育阶段贫困家庭学生免杂费、免书本费、逐步补助寄宿生生活费）、寄宿制等惠民举措的不断完善，民族地区的义务教育已经站在了新的历史起点[1]。在基本实现人人"有学上"的目标之后，只谈大的民族教育观，只关注"倾斜"措施的落实已经远远不够，"上好学"和"学什么"应当成为民族地区教育向纵深发展首先需要考虑的问题。这些问题的解决，需要采取具体的措施与方案。

（二）民族地区理科教育的弱势比较明显

民族地区的发展需要大量的人才，但民族地区面临的人才匮乏问题远比非民族地区严峻，通常的情况是，外面的引不来，自己的又留不住，留下的往往专业不对口。笔者在甘肃调研时也看到了这样的情形：学语言的老师在教化学，学音乐的老师在教数学。因此，民族地区首先应当从提高人力资源建设水平的角度考虑基础教育问题，促进人力资源水平的全面提高。

二、甘肃地区调研及数据量化

笔者以甘肃省甘南藏族自治州和临夏回族自治州为样本，针对上述问题进行了实地调研，数据采集、研究过程如下。

（一）数据采集区情况说明

甘肃的主要民族成分为藏族和回族，而要研究藏族学生的学习状况本应到西藏，但考虑到西藏介入新课程时间较晚，而甘肃是较早介入新课程的省份之一，在这里较为容易发现与研究有关的信息。为此，笔者以甘肃省甘南藏族自治州和临夏回族自治州为数据采集区开展调研。

甘南藏族自治州的基础教育在授课方式与教学方法上大体可分为单语授课类和双语教学类。甘南藏族自治州的师资队伍力量总体较为薄弱，学历水平仍然较低，尤其是农牧区，这种情况更为严重。甘南藏族自治州农牧区学生的辍学率仍然较高，教育经费投入仍然不足，教学设施有待改善，教学质量和学校管理水平有待提高。临夏回族自治州的教育情况在逐步好转，但仍然存在教学资源严重不足、师资欠缺、家长的教育观念有待转变等问题。

（二）研究工具

根据国家《全日制义务教育数学课程标准（实验稿）》[2]的内容与要求，笔者结合中小学生数学学习的特点，以五年级、八年级的学生为对象，采取了多元化的调研形式，调研工具包括学生测试卷（五年级、八年级各一份）、调查问卷、听课测评表、访谈（教师、家长、教育部门管理者访谈提纲各一份）、课堂教学实录等。调研形式的多元化，有助于保证调研结果的相对准确，通过全面、准确地把握相关数据与信息，能保证研究结论的相对合理性。

1. 测试卷

测试卷的设计遵循 三个原则：一是"少而准"，即不采用"长考卷"，答题时间设定为 40 分钟；二是全面性，测试内容既要涵盖"数与代数、空间与图形、统计与概率、综合与应用"4 个知识领域，又要全面考查学生了解、理解、掌握、运用、探索的水平，并且具有一定的应用性、开放性和挑战性；三是严格遵循《全日制义务教育数学课程标准（实验稿）》，但与教材保持了相当的距离，这是因为教材版本较多，如果参考某套教材，不同地区、使用不同教材的学生的测试成绩可能会出现偏差。

2. 调查问卷

研究中使用的调查问卷是根据课题研究目标专门设计的，除一般性地了解民族地区学生对数学的学习态度和动机，数学教师的基本素养、教学方式方法、教学态度、教学效果的影响之外，还专门预设了关于教学语言的效能、现行教材的适用性、家庭环境对数学学习的影响等方面的问题。

3. 听课测评表

听课测评表分别从教师的能力（知识、教学）、个性（亲和力、发展改进的意愿）、适应性（教学把握、组织发动学生、媒体作用）三个大的角度出发进行设计。

4. 访谈提纲

笔者针对教师、教育主管部门领导以及家长三个群体分别设计了不同的访谈提纲。

5. 课堂教学实录

调研期间，课题组尽可能多地运用摄像手段原汁原味地进行课堂实录。录像资料中既有汉语课堂实录，也有民族语课堂实录。

（三）数据采集情况

研究采用平行测试法，即运用统一的工具，采用相同的方法，在北京、民族地区省会城市、民族地区数据采集区域三地平行开展测试、问卷调查、访谈和听课。通过建立北京和民族地区省会城市的多重参照系，在横向对比的基础上，衡量数据采集区域少数民族学生的数学学习水平，尽可能对少数民族地区数学课程的现状做出客观的评价。课题组于 2011 年 8 月 21—31 日在甘肃临夏回族自治州和甘南藏族自治州、兰州市和北京市进行了调研，在甘肃地区，共调研了来自兰州市、合作市、临夏市、东乡族自治县、积石山保安族东乡族撒拉族自治县的 15 所学校，收回有效测试卷 925 份、调查问卷 925 份，访谈老师 117 位，调研学校的分布及获取信息情况如表 1 所示。

表 1　调研学校的分布及获取信息情况

类别	地区	市	县	学校名称	有效试卷数/份	访谈教师数/人	访谈家长数/人	听课节数/节
小学	民族地区	临夏回族自治州	积石山保安族东乡族撒拉族自治县	吹麻滩小学	60	5	5	
				乩藏小学	56	8		2
			东乡族自治县	中银小学	81	4	5	2
				东塬学校	38	10	7	2
			临夏市	新华小学	14	7		1
		甘南藏族自治州	合作市	合作市藏族小学	104	6	12	2
				合作小学	58	7		
		兰州市		中山路小学	51	5	4	
初中	民族地区	临夏回族自治州	积石山保安族东乡族撒拉族自治县	吹麻滩中学	105	5	5	1
				乩藏中学	50	8		1
			东乡族自治县	锁南中学	57	4	5	1
				东塬学校	29	9		2
		甘南藏族自治州	合作市	合作藏族中学	132	21	15	1
				合作市初级中学	39	12	7	
		兰州市		兰州民族中学	51	6	4	
合计					15	925	117	69	15

三、统计结果和原因分析

（一）统计结果

以上调研的样本包括汉语班和双语班，其中双语班数学课又分为用汉语教学和用母语教学两种形式。对 925 份测试数据经无量纲化处理后，由学业成绩测试和问卷调查两部分数据合成的直观对比状态图如图 1 所示。图 1 中测试题模块包含数与代数、空间与图形、统计与概率和综合与应用 4 个模块，每个模块的分数为该模块中测试题得分的平均值，问卷调查部分包含教材作用、课程难易度、课程喜爱程度和学习习惯，其分值是对学生问卷答案量化后得出的。

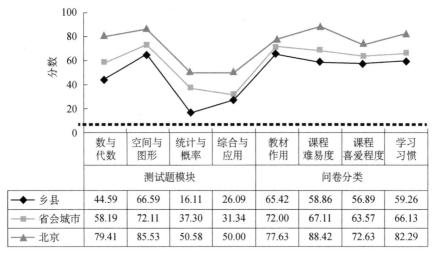

	数与代数	空间与图形	统计与概率	综合与应用	教材作用	课程难易度	课程喜爱程度	学习习惯
	测试题模块				问卷分类			
◆ 乡县	44.59	66.59	16.11	26.09	65.42	58.86	56.89	59.26
■ 省会城市	58.19	72.11	37.30	31.34	72.00	67.11	63.57	66.13
▲ 北京	79.41	85.53	50.58	50.00	77.63	88.42	72.63	82.29

图 1   民族地区乡县与省会城市和北京测试及问卷统计结果

结论 1：图 1 中的虚直线是主观设置的标准线。可以看出，北京、省会城市与民族地区之间的差距比较明显。除"空间与图形"模块外，民族地区乡县在其余 3 个模块的测试成绩与北京的差距均接近或超过 1 倍，差距如此之大值得重视。为找到导致数据采集区与省会城市、北京之间差异较大的原因，课题组又采用相关性方法进行了分析。

（二）原因分析

为了精确分析导致上述差异的原因，基于调查问卷数据，进行因素显著性检验，以调查问卷为信息源，按信息要素分为教师汉语水平、课程难易程度、教材内容及设计、教学资源、学生学习习惯和课程对学生的吸引程度 6 个模块，对学生学业水平与每一模块做相关性分析。

对甘肃地区学生测试成绩与教师汉语水平、课程难易程度、教材内容及设计、教学资源、学生学习习惯和课程对学生的吸引程度进行相关性分析，分析结果如表 2 所示。与学生测试成绩的相关性由强到弱依次为：课程难易程度、学生学习习惯、教材内容及设计、课程对学生的吸引程度、教学资源、教师汉语水平。

表 2　学习水平影响因素分析

项目	总分	教材内容及设计	教学资源	教师汉语水平	课程难易程度	学生学习习惯	课程对学生的吸引程度
相关性	1	0.098	0.072	0.071	0.385	0.108	0.080
p		0.557	0.669	0.672	0.017	0.519	0.631
平方与叉积的和	9040.553	13.053	12.780	8.655	32.393	6.338	181.400

结论 2：甘肃地区学生成绩与课程难易程度具有显著相关性，即影响甘肃地区数学课程水平的关键因素是课程难易程度，而与教材内容及设计、课程对学生的吸引程度等其他因素均不存在显著正相关关系。

四、对策与建议

剔除客观的环境因素及教育历史积淀程度的影响，制约民族地区学生数学成绩的一个关键因素是数学课程的难易程度。民族地区数学课程整体状况的不乐观和民族地区对国家数学课程标准的适应性较弱，均与数学课程自身设置的难易程度有关。

（一）民族地区必须提高对课程建设的重视程度

从调研情况看，民族地区对政策的优惠与倾斜的关切程度远远高于对课程建设的重视程度。因此，从课程层面提高民族地区的教育水平是一个关键性问题，也是一个关系到民族地区发展的根本性问题。

（二）适度调整民族地区的课程方案

民族地区应该采取具体的措施，使理科课程受到应有的重视；通过教师的教学和科学的魅力激发学生对理科学习的兴趣；在理科课程中提高操作与实践活动的比例，激发学生的学习兴趣。

参考文献

[1] 巩子坤，宋乃庆. 数学教育研究中值得关注的问题——热点与反思[J]. 数学教育学报，2008（1）：75-78.

[2] 中华人民共和国教育部. 全日制义务教育数学课程标准（实验稿）[M]. 北京：北京师范大学出版社，2001.

（本文发表于《数学教育学报》2013 年第 2 期）

当前少数民族地区数学教师对数学课程的看法——基于访谈的梳理与分析

孙晓天　贾旭杰

本文通过对甘肃、新疆、宁夏 400 多位数学教师的逐一访谈，梳理出民族地区数学教师对当前数学课程的大致看法，其中包括数学教学、数学教材、数学教学用语、数学课程难度、民族地区双语教师培训策略等问题。相关教育部门应对教师的要求和面临的困难给予足够的重视，在适度倾斜政策的情况下，通过专项研究给出令人满意的解决办法。

一、问题的提出

本文是基于 2011—2013 年开展的关于我国西北少数民族地区义务教育阶段学生数学学业水平的一项调查研究[1]整理而成的。这一研究在调查少数民族地区学生的数学学业水平的同时，也对影响学生学业水平的因素进行了分析。毫无疑问，民族地区数学教师对数学教学的看法是影响学生数学学业水平的一个重要因素[2]。为此，本文以民族地区数学教师为研究对象，通过大样本的调查，了解他们对数学教学、教材、课程资源建设，以及数学课程改革等多方面的看法。在此基础上，从民族地区数学教师的视角概括出提高少数民族地区学生数学学业水平面临的基本挑战与存在的主要问题，并通过研究与分析，有针对性地提出相关建议。

二、研究方法与实施过程

1. 研究方法

本次研究以教育部颁发的《全日制义务教育数学课程标准（实验稿）》[3]为依据，以新疆、宁夏、甘肃少数民族聚居地区的数学教师为调查对象，通过访谈法了解数学教师对数学教学的看法，从数学教师的认知和感知两方面寻找影响学生数学学业成就的原因，分析提高少数民族地区学生数学学业水平的策略。

本次研究没有选用通常大样本调查采取的问卷调查方法，而是采用了访谈法和课堂观察。之所以如此，主要是为了避免成人在填写问卷时的敷衍态度造成的偏差，同时也避免了问卷的封闭性。虽然大样本访谈的工作量大，调研的难度大，但访谈基本保证了信息来源的丰富性、客观性、开放性。

访谈提纲的设计以了解当地教育和数学教育的一般情况为基础，访谈对象以义务教育阶段的数学教师为主，也包括当地教育部门的领导、访谈学校的领导及学生家长。访谈包括个别访谈、座谈、入户调查三种形式。针对学校教师重点了解他们对现行数学课程难易程度的评价、对数学教材的评价、教师培训情况，以及民族语言、汉语言的转化对数学教学的影响，语言的差异是否会导致所授数学内容的流失等；针对教育部门和学校领导，重点了解该地区民族教育的特点和成就、面临的主要问题，其中哪些是迫切需要解决的，以及对解决问题的看法等；对于学生家长，重点了解他们对孩子学习的支持度、学生在家的学习情况、家长对数学的认知及他们自身对数学学习的态度等。

2. 实施过程

本次调查共派出三个调查组，在教育部有关部门和当地有关部门的帮助下，分别在新疆、甘肃和宁夏三个地区开展工作。在甘肃，选取了临夏回族自治州的积石山保安族东乡族撒拉族自治县、东乡族自治县，甘南藏族自治州的合作市及兰州市作为信息采集区，调研范围涉及学校13所，举办座谈会12次，访谈117人次；在新疆，选取了巴音郭楞蒙古自治州的和静县、库尔勒市、焉耆回族自治县，以及乌鲁木齐市作为信息采集区，调研范围涉及学校11所，举办座谈会9次，访谈90人次；在宁夏，选取了固原市、吴忠市和银川市作为信息采集区，调研范围涉及学校 24 所，举办座谈会 21 次，访谈 220 人次。调研共涉及小学和初中 48 所，访谈 427 人次，具体数据如表 1 所示。

表1 访谈人数统计表

省份	地区	市	区/县	访谈教师数/人
甘肃省	民族地区	临夏回族自治州	积石山县	26
			东乡县	34
		甘南藏族自治州	合作市	46
	省会	兰州市		11
新疆维吾尔自治区	民族地区	巴音郭楞蒙古自治州	和静县	17
			库尔勒市	35
			焉耆回族自治县	14
	省会	乌鲁木齐市		24
宁夏回族自治区	民族地区	固原市	原州区	72
		吴忠市	同心县	71
	省会	银川市		77

三、访谈结果的梳理与分析

由于本文在方法选择上的特殊性，收集到大量内容丰富且相对繁杂的信息，通过认真梳理，整理出以下几方面。虽然这不是访谈结果的全部，但笔者认为这是重要并具有现实意义的内容。

1. 民族地区数学教师普遍认为改革的方向值得坚持

虽然民族地区的教师对改革存在不同程度的困惑，但他们对改革方向是基本认同的。他们普遍认为新课程注重过程，注重形象思维，灵活多样，有深度和广度，总体上对少数民族学生的成长是有好处的[4]。例如，新教材提倡学生参与，要求学生自己动脑、动手解决问题，多数问题又来源于实际，体现了数学与生活之间的关系。因为教学内容与学生生活的关联度高了，所以学生爱学，有兴趣。有的老师说："新教材上出现的情景能吸引娃娃，需要探索的内容多了，需要死记硬背的知识少了。对于某些概念，新教材一般先给出具体的背景，再一步一步归纳出概念，先具体再抽象，这样的处理符合学生的认知规律。这样的处理在教材中有很多，对教师理解新理念以及按改革的要求开展教学很有帮助。"

2. 难度问题是民族地区数学课程面临的主要挑战

我们曾通过相关性分析得出课程难度是影响民族地区学生数学学业成绩的首要因素[5]。本文的访谈结果从教师的角度进一步验证了这一结论。课程难度不仅对学生提出了挑战，也对教师提出了挑战。访谈过程中，教师针对课程难度问题提出了许多意见，主要集中在以下几个方面。

（1）教学内容与学生认知水平不符产生的难度

例如，一年级学生在书面上认识时间，如小时、分钟已经比较困难了，但还要加上"再过几时几分后的时间是多少"的要求；关于人民币的知识，学生在日常生活中已经会花钱了，但"几元几角几分再加上几元几角几分"就让学生糊涂了，而几元几角转换成多少角、多少元的问题，也经常让学生感到困惑。教师普遍认为，没必要让小孩子学那么难，随着年龄的增长和认知能力的提高，他们过一两年自然会懂，但在一年级"硬教"，会使学生产生畏惧心理。

（2）一些问题脱离实际造成的难度

民族地区教师普遍反映，教材中有些问题常常会脱离实际，给学生学习和教师教学造成了困扰[6]。例如，某五年级下册教材的"打电话"问题：教师要给 15 个人打电话，每个人 1 分钟，怎样能够尽快打完电话？不仅现实中不存在这样的打电话问题，而且教材中采用的以树形图解决问题的方法也过于牵强，不但学生理解不了其中的思想，教师教学时也只能是生搬硬套。这些脱离实际的问题本身就不符合《全日制义务教育数学课程标准（实验稿）》的要求，对培养学生解决问题的能力毫无帮助。由于牵强和生搬硬套，学生觉得利用数学知识解决实际问题颇具难度，所以遇到真正需要解决的问题时，往往束手无措甚至自动放弃。

新课程的主要理念之一是数学来源于生活，生活中要用到数学。但有时教材中一些"人为编造"的例子却严重脱离了生活。例如，某四年级教材"数学广角"部分关于"合理安排时间"的问题是：有 3 张饼，每次只能烙两张饼，两面都要烙，每面 3 分钟，怎样才能尽快吃上饼？这个问题看似是一个与实际生活联系密切的问题，但教师反映该教材教参的答案是应先烙两张饼的一面，然后拿出一张，放入第三张饼，第二张烙好后再放入第一张，结果总共花 9 分钟，节省了时间。这个问题让学生产生的困惑是：平时家长不是这样烙饼的。另外，烙一半又拿出来的情形在生活中很少看到，也不切实际。这种看似节省时间的方法，在实际生活中完全没有可操作性。这类问题积累多了，学生会以为数学中的问题与现实生活是两回事。类似的疑问在访谈中经常可以听到。

（3）内容并未减少造成的难度

民族地区教师普遍认为，数学题材和知识点在新课程中没有什么明显变化，只是要求有所降低，然而有时又在练习、复习和考试中提高了要求。另外，传统内容的编排形式有了很大的变化，在处理上又增加了许多新的设计，这种改变也在一定程度上加大了课程的难度。以几何为例，《全日制义务教育数学课程标准（实验稿）》和教材的安排是从实物到立体图形，再从立体图形到平面图形，经过一系列观察、实验、动手操作，通过推理发现几何对象的特征与性质，而这些性质中很多又要在欧氏几何的框架内给出演绎证明。这条线索对教师提出了较高的要求。这种把学科体系和学生经验融合在一起的处理，看似简单，但对相互之间衔接的要求很高，结果表现为课程难度大大增加。

（4）对新增内容不熟悉造成的难度

对于统计、可能性、随机现象、实践与综合运用等领域，民族地区数学教师普遍感觉比较陌生。虽然已经有了多年实践经验，他们仍反映对这些新增内容及其处理方法比较生疏，教学很难放得开。这一点也可以通过对中学生所做的学业成绩测试中的统计模块得分普遍偏低得到说明[1]。由于教师生疏、放不开，这些内容的教学面临的困难可想而知。另外，由于这部分内容与现实生活的联系十分密切，如果在教学上处理不好，也很容易对学生产生误导，难以实现《全日制义务教育数学课程标准（实验稿）》设置这些内容的目的。总之，由于教材提供的线索并不是十分清晰，教师自身的认知也多少有些懵懵懂懂，这些内容已经成为民族地区数学教师公认的难啃的"硬骨头"。

（5）教材过于"都市化"造成的难度

民族地区使用的教材多是中东部发达地区有关人员编写的。访谈中，教师反映很多教材呈现出"都市化"倾向。例如，初中的一元一次方程，教材所给的背景大都与大城市有关。比如，北京到上海的距离是900公里，飞机每小时的速度是600公里，那么你坐飞机从北京到上海需要多长时间？这样的例子本身没问题，但许多农村的孩子对北京、上海没有概念，对飞机、飞行也不理解，所以学起来兴致不高。类似的像摩天轮、商场打折、饭店点菜、公园门票，甚至纳米、"神五"等，教材虽然是精心设计的，但由于学生没有感觉，往往没什么太大的反应。另外，像教材中常见的让学生指出哪些蔬菜应该生吃、哪些要熟吃，由于地域差异，一些蔬菜是民族地区的学生不熟悉的，所以他们根本不知道该如何作答；统计每天路过家门前汽车的数量有多少等，对城市孩子来说是很容易的，但农牧区的孩子却无法回答。类似的问题比较多，这些学习内容脱离了民族地区的地域特点，特别是脱离了偏远地区学生的生活实际。从发展的角度看，教材的"都市化"倾向也许是不可避免的，但放到民族地区使用，从现实情况看效果可能会适得其反。由于教材内容常常脱离学生的现实生活，往往会对学生的数学学习产生一些负面影响，对此教师的反映也比较强烈。

3. 对于现行数学教材的体系、体例，民族地区还需要一个适应过程

受访教师普遍认为，民族地区大部分教师基本还是依赖教材本身开展教学。新教材看起来好像简单了，但"留白"比较多，对教师主动参与程度的要求比较高，如果存在理解上的问题，用起来就不那么顺手了。访谈中，民族地区数学教师反映的问题主要体现在以下两方面。

（1）对教材采用的"混编"方式不适应

对新教材将代数、几何与统计混合在一起穿插进行的编写方式，很多教师不习惯，认为一会儿学代数，一会儿学几何，不仅知识跨度大，学生也容易产生困惑。例如，二年级教材第二单元常常是整数加减法，第三单元是观察物体，第四单元又是计算，一些教师认为如果不及时巩固复习，学到第四单元时，学生就会将第二单元的内容遗忘。又如，小学的统计知识本来就不多，但每个学期都有一点，且难度随着年级的升高而加大。学生每学期学一点，缺少结构化的支撑，所以到下学期再学统计知识时，还要重新复习前面已经学过的知识。很多教师认为这是人为地增加了课时，结果是加重了学生的学习负担。

（2）对能力性目标把握不够

一些数学教研员和教师认为，新课程强调能力性目标，但这些目标大都是隐性的，现在大部分教师在数学运算、数学推理、简单的抽象等方面都基本可以驾驭，通过机械训练、程序化操作、技术化教学就可以达到目的了，但当面对"为什么这样算"的问题时，往往就没办法了，结果只能告诉学生"你就这么算、这么练就行了"。由此可见，教师自身对进一步深化、细化教材的理解不到位，对教材隐含的能力性要求把握不足。有些教师认为，新教材在知识点的选择和顺序编排上需要有所调整；也有不少教师认为，与传统教材相比，

新教材的例题、习题题量少，教材中的题目类型也不够丰富，例题的讲解侧重思想的叙述，而对例题规范的要求不够等。

类似的看法在一些民族地区比较普遍，说明民族地区一些数学教师对新教材关于数学课程内容的综合性及按人的认知水平螺旋式上升的处理并没有完全理解和认同。他们对过去教材的留恋，说明新课程的"新"在这里尚未被教师充分认识到。访谈过程中，没有任何人质疑新课程的理念与目标。然而，理念与目标如果不能在教材层面得到认同，改革就会遇到阻力，难以深入。当然，不能把这些看法简单归结为民族地区数学教师对改革的认知不足，我们一定要认识到，如何使新课程理念和要求融入课程内容、日常教学，如何理顺"体系"、把"能力性"目标"显性"化，还有很长的路要走。民族地区教师的看法表明，在教育改革过程中，有些工作开展得可能并不扎实。

4. 考试和教辅材料对民族地区数学课程健康发展的影响

在民族地区信息相对闭塞、客观条件相对不足的条件下，考试和教辅材料方面存在的问题，对民族教育的发展产生了一定的影响。在访谈中，广大教师对此反映强烈，主要体现在以下两个方面。

（1）"考、教"分离现象比较严重

民族地区的数学教师已经感受到课程难度方面的挑战，但考试与《全日制义务教育数学课程标准（实验稿）》分离的现象进一步加大了这一难度。许多受访的数学教师反映，新教材中没有的知识，或已经从《全日制义务教育数学课程标准（实验稿）》中删除的内容，经常出现在当地的考题中，并且难度丝毫不减。例如，在一些地区，弧度问题在教材中并没有要求，但课外练习册和考试题中却经常出现。由于考题经常脱离教材，为了应对考试，教师不得不给学生额外补充知识和讲解符合考试难度的题型，实际上是教师在围绕考试要出什么题进行教学。结果是不仅数学的教学学时越来越多，而且离《全日制义务教育数学课程标准（实验稿）》的要求越来越远。再如，有的地区，小学一年级与钟表有关的考题不仅要求认识几点、几分，还经常出现从镜面反射的角度认识钟表的问题，为了应付考试，教师的教学课时往往要超出原计划1倍左右。由于一年级学生的认知能力还没有达到从镜面反射的角度认识钟表的水平，耗时虽多，也难以达到相应的教学效果。于是，为了应付考试，教师就教学生一些考试技巧，如让学生把试卷反过来从背面看等。这样学生虽然答对了，但关于钟表知识的教育价值却大打折扣，已经完全与培养空间想象能力无关了。因此，教师反映，《全日制义务教育数学课程标准（实验稿）》要求的是素质教育，但当地的考试还是在走应试教育的路子。同时，由于考试难度大，学生的整体成绩不高，教师的改革积极性和学生的学习积极性都受到了打击。

由于各方面条件的限制，民族地区的数学课程改革本来就有些举步维艰，而上述片面倚重考试激励学生学习、通过加大考试难度提高教学质量的做法更是增加了改革的难度。很多民族地区数学教师对考试的苦恼是人为造成的，如何使考试有助于保持教师的改革热情、有助于激发学生对数学的学习热情是比增加考试难度重要得多的问题。在这方面，民族地区教育部门的命题者要进行深入思考。

（2）课外教学辅导材料进一步加大了课程难度

我们访谈的地区使用的课外教学辅导材料主要有两种：一是与教材直接配套使用的辅助练习册；二是由当地教育部门编写的配套辅导材料。为了避免加重学生的课业负担，并避免乱收费，这些辅导材料都按统一要求配备和使用，因此学校和教师都没有选择的权利。问题是一线教师对这些辅导材料质量的意见较大。他们认为，这些辅导材料上的练习题难度一般都超出了教材对习题的要求。例如，某省教育厅规定学生使用的教辅是该省教育厅数学教研室编写的，其难度比现行教材大得多，并且在学科术语的表述上也与现行教材不同，采用了学生不熟悉的表述方式。显然，这些辅导材料的编写者不熟悉学生正在使用的教材有什么新要求，完全凭个人的经验去判断。结果教材变了，但辅导材料还是老样子。有的教材下学期才讲勾股定理，但辅导材料的练习题上学期就要求学生画长度为 $\sqrt{2}$ 的线段，教材、教辅双方各行其道，不仅加重了学生的学习负担，教师也是有苦难言。另外，有些用量相当大的教材有自己配套的教辅材料，虽然做到了教材、教辅方向一致，但教辅中的练习题难度普遍超过了教材，而且题目涉及的题材都是民族地区教师和学生比较生疏的。这些看上去还算好的题目，由于学生对背景不理解，在一个班里只有不到10%的学生能够做得出来。有的教辅材料中设置的题目要等学生学完整个单元的内容之后才能做，所以使用起来非常不方便。

教辅是学生课堂学习的补充，而不是学生备考的工具。作为对教材的补充，教辅要有助于把学生吸引到数学的世界中来，而不是把学生吓跑。教辅不应该被当作从学生身上盈利的工具，而是要助力民族地区数学课程的健康发展。另外，应该提高对教辅编写者的要求，例如，教辅编写者至少应该了解教学改革，熟悉教材，懂得与教材编写者沟通。

5. 数学双语教学任重道远

在使用本民族语言文字的少数民族地区，受访者反映最多的问题是有关双语教学方面的。目前，民族地区双语教学主要采取两种教学模式：一是语文和理科用汉语授课，其他学科用本民族语言授课，称为第一模式；二是全部用汉语授课，加授民族语文课，称为第二模式。笔者访问的主要是用第二模式授课的教师，他们在认同双语教学必要性的同时，也对当地双语教学的现状表现出了不同程度的困惑。

（1）双语教学对教师的要求高

受访教师普遍认同双语授课教师应该做到"双语双强"，但他们觉得做到"双语双强"的要求离他们有点远。因为数学双语教学的"强"要强在用汉语能顺畅地开展数学教学。虽然他们中的大多数人能用汉语流畅地进行日常交流，但要用汉语流畅地讲授数学就很难达到了。有的教师反映，要把课上讲的内容提前用汉语背下来才能讲出来。有的教师说许多数学问题需要从不同角度解释，而自己只会用汉语从一个角度解释，换一个角度有时就不知道怎么说了。还有的教师说理解汉语教材也比较困难，特别是应用题，有时自己都搞不懂，更别说让学生理解了。对此，有的受访教师给出的答案是："问题出在思维方式上。由于生活中本民族用语已习以为常，思维方式的转换就比较自然，但教学时由于数学的特殊性，通常要在脑子里事先完成这个转换过程，然后才能表达出来。这种转换需要时间，所以用汉语授课就远没有使用本民族语言那么流畅了。"这种解释有一定的道理。

（2）依靠短期培训难以解决双语教学质量问题

为了提高双语教学质量，民族地区教育主管部门提供了许多培训机会。但不少教师反映，由于是在职培训，一般时间较短，而且培训大多旨在提高日常语言能力，有针对性地提高数学教学语言能力的培训并不多。许多教师表示，如果能有系统的、以数学为主体的汉语教学培训，自己的双语教学水平是能得到提高的。有的教师还希望能结合教材内容，一册一册或按学年系统培训，提升自己的汉语数学教学能力，希望不仅是自己的口头表达能力，包括对数学教学的理解能力和汉语板书能力都能得到提高。

我们在访谈中感受到，虽然双语教学使民族地区的教师面临着新的挑战，但他们并没有气馁，更关注自身的能力如何提高，努力寻找提高双语教学能力的机会。这一事实说明，双语教学要做到"双语双强"并非一句口号，而是要付诸实践的。只要培训的思路对，加强针对性、突出专业特色、加大力度、努力做到常态化持续进行，前景应该是乐观的。另外，高等院校有针对性地实施双语师资专项培养计划，也是从根本上解决双语教师来源问题的一个不可或缺的举措。汉语学习很重要，本次访谈获取的信息说明，提高专业（数学）的汉语教学能力才是双语师资培训的根本目标。

（3）双语教材不尽如人意

许多被访教师反映，他们开展双语教学使用的是汉文版本的教材，但在很多情况下，他们的双语教学形式是用母语讲汉语教材。采用这种双语教学模式的地域范围很广，但存在着教学用语与课本用语之间语言过渡难的问题。双语教师虽普遍认为应该使用汉语教材开展教学，但希望教材中有本民族语言的注释。这种注释不仅包括对术语、关键词的解释，还应包括对其重要的背景的简略注释。在低学段，注释的部分可以适当多一些。随着年级的升高，注释可以逐渐减少。有的教师建议，教材本身要留出空白处，让学生在空白处做出自己认为是必要的注释。这种以汉语为主、民族语注释为辅的教材样式应该是实现"双语双强"不可缺少的过渡方式。

从访谈获取的信息可以看出，双语教学不是单纯地选择教学用语的问题，其根本目的在于为学生的未来发展拓展空间，为他们日后全面发展奠定基础。双语教学触及的是与民族地区长远发展有关的根本问题，是实现各民族和谐共处、共同富裕、共享福祉的战略性措施。因此，民族地区教师的心声应该引起双语教学的决策者和指导者的足够重视。

四、结语

本文根据对 427 位教师的访谈结果，梳理并呈现了民族地区数学教师对数学课程现状的大致看法。在充分考虑国家课程要求及民族地区学生数学学业状况的基础上，本文以民族地区数学教师的看法为依据，对民族地区数学教育的整体发展状况做了进一步的梳理，并且伴随着对访谈结果的分析，对教学、教材、教学用语、课程难度等多方面提出了看法。

需要特别指出的是，虽然民族地区的数学教师有不少困惑，但很少听到怨天尤人的话语，他们整体上态度温和，要求改变和提高的心情迫切，这都显示出民族地区数学课程发展已经具有相对良好的教师基础。与全国特别是中东部地区相比，这里的部分教师整体上（包括专业水平、能力及待遇等方面）可能都会略逊一筹，但他们对职业的热爱和对改革的期盼比其他地区相比毫不逊色。这是一个可敬、可爱的教师群体，必须对他们的心声给予足够的重视，包括课程太难的问题、双语教材的问题、双语师资的培训问题等，都应当在适度的政策倾斜的引导下，给予令人满意的解决。

参考文献

[1] 孙晓天，何伟，贾旭杰. 民族地区义务教育数学课程的问题及对策[J]. 中国民族教育，2013（2）：15-17.

[2] 孙晓天. 近年来中国数学教育发展述要[J]. 数学通报，2007（6）：14-19.

[3] 中华人民共和国教育部. 全日制义务教育数学课程标准（实验稿）[M]. 北京：北京师范大学出版社，2001.

[4] 中华人民共和国教育部. 义务教育数学课程标准（2011 年版）[M]. 北京：北京师范大学出版社，2011.

[5] 贾旭杰，孙晓天，何伟. 关于民族地区数学课程难度问题的研究与思考[J]. 数学教育学报，2013（2）：33-36.

[6] 于波. 多元文化视角下的民族地区中小学数学课程教材建设——基于对部分民族地区调查的思考[J]. 民族教育研究，2011（3）：116-118.

（本文发表于《民族教育研究》2014 年第 1 期）

影响民族地区学生数学学业成绩的关键因素分析

何 伟 孙晓天

理科教育质量事关少数民族学生的认知发展、就业以及社会和谐稳定。以义务教育阶段的数学学科为例，我们采用量化和质性研究相结合的方法，对民族地区学生数学学业成绩进行了 5 年的跟踪研究，结果显示，总体上学生的数学学业成绩没有实质性变化；在影响民族地区学生数学学业成绩的 6 个因素中，教学资源和教师结构发生了巨大改变，教师教学水平在一定程度上有所改变，但数学课程难度、教材和学生学习习惯的变化甚微，由此可以得出制约民族地区学生数学学业成绩的关键因素为数学课程难度、教材、学生学习习惯和教师教学水平。如果那些对学生学业成绩可能产生正面影响的因素没有实质性的改变，民族地区学生的数学学业成绩很难有实质性的提升。

一、问题的提出

由于国家对民族教育的重视和投入，中华人民共和国成立以来，少数民族教育事业取得了前所未有的发展。但由于民族地区教育基础薄弱，在一些民族地区特别是有本民族语言文字的少数民族地区，学生的理科学习尤其是数学学习普遍遇到了巨大挑战[1]。因此，寻找影响少数民族学生理科学习成绩的关键因素，并据此提出有针对性的解决方法，显得至关重要。万明钢等[2]、郑新蓉等[3]、张积家等[4]、王大胄等[5]、马启龙等[6]对民族地区理科教育的重要性、少数民族学生理科学习面临的困境及其影响因素进行了深入的理论分析，但尚未用实证数据来对研究结论进行验证。

　　自 2011 年以来，我们采用分阶段推进的方法，历时 5 年，先后在新疆、甘肃、宁夏、西藏、广西、四川、贵州、内蒙古等 8 个省（自治区）的少数民族聚居地区，针对义务教育阶段学生的数学学业成绩开展了调查。在得出整体结论的基础上，我们又通过小规模的样本跟踪研究，相对精准地分析了影响少数民族学生学业成绩的关键因素，为从整体上提高我国民族地区学生的数学学业成绩提供了依据。

二、研究方法

（一）三阶段推进法

　　第一阶段为 2011—2014 年，通过大样本调研，采用量化与质性分析相结合的方法，从课程的角度得出制约民族地区学生数学学业成绩的主要因素；第二阶段为 2015—2016 年，通过小样本跟踪，采用对比分析的方法，在已经得出的影响因素中，相对精准地确定关键因素；第三阶段为 2017 年至今，通过扩大跟踪样本量，进一步验证第二阶段的研究结果，并在此基础上开展改进策略研究。本文的结论尚不包括第三阶段的研究结果。

（二）具体研究方法

1. 学业成绩测试

　　以五年级、八年级学生为测试对象，各设计一套数学测试卷。由于涉及的省份众多，测试卷的设计除依照《义务教育数学课程标准（2011 年版）》的要求命题之外，不参考任何具体版本教材；测试内容涵盖义务教育阶段数学内容的全部 4 个知识领域，包括数与代数、空间与图形、统计与概率、综合与应用，并加入了必要的针对开放性和实用性的测试内容；试卷按时长 40 分钟设计，实际答题时间为 45 分钟，目的是保证学生在注意力相对集中的情况下，真实反映自己的学习成绩。

　　数学测试卷具有良好的信度，以八年级为例，测试卷的克龙巴赫系数为 0.825。测试卷也具有良好的内容效度，参照《义务教育数学课程标准（2011 年版）》的要求，测试卷在知识种类、深度、广度以及分布平衡性四个方面均达到了理想的一致性。此外，测试卷的平均难度系数为 0.65，说明难度适中。测试卷的平均区分度系数为 0.7，说明测试卷能达到很好地区分数学能力不同学生的目的。

2. 学生调查问卷

对五年级和八年级的学生采用统一的调查问卷，内容涵盖学习态度、学习动机、学习习惯、对教材的适用性及课程难易程度的看法四个方面，共 20 个问题，其中 19 个选择题、1 个简答题，问题以随机顺序编排，在后期整理分析时再统一归类。每名做测试题的学生同时回答调查问卷，即测试卷与调查问卷一一对应，以便进行相关性分析。为保证信、效度，在完成调查问卷初稿之后，请高校数学教育专家和一线优秀中小学数学教师集体审议，在对问卷进行小样本施测之后，对个别题项的表述进行了修订，从而确定了正式的调查问卷。

3. 教师访谈、课堂实录

对数学教师和管理者进行访谈，主要围绕教师的业务能力、参与教学改革的程度、对"课程标准"的理解水平、对学生学习困难成因的评估以及双语教学存在的问题等方面开展。听课是从客观角度对教学现状的观察与记录，是对影响学业成绩因素的微观解读；课堂实录则以固化的形式为结论提供了依据，同时为前述调研提供了事实印证。

4. 统计分析

差异性分析：通过 t 检验和 F 检验，计算两个阶段的数学学业成绩是否有显著性差异。

相关性分析：通过为调查问卷各选项进行赋值，计算学业成绩与调查问卷各模块的相关系数，得出影响学业成绩的相关因素及其顺序。

5. 对比分析

对比分析在第一阶段和第二阶段之间进行。以 4 年为时间跨度，对于第一阶段调研过的学校，采用相同的测试卷和问卷再次进行测试、调查，目的是测试学生数学学业成绩的变化，通过对比第一阶段得出的制约民族地区学生数学学业成绩的几个主要因素，找出影响民族地区数学课程质量的关键因素。

三、研究结果

（一）第一阶段研究结果

1. 调研数据

在第一阶段调研过程中，采用系统抽样和随机抽样相结合的方法，在每个地区选取参加数学学业成绩测试的学生数不少于 1000 人。调研覆盖 8 个省（自治区）的 158 所学校，数学测试卷与调查问卷均为 9557 份，访谈教师数为 1495 人，听课为 112 节，座谈会为 128 场。

2. 研究结论

通过对测试卷、调查问卷以及访谈记录信息的梳理、统计，并结合实地考察、听课所做的现场记录，经综合分析，得出以下 6 个方面是影响民族地区学生数学学业成绩的主要因素。

1）课程难度。通过计量分析发现，8 个省（自治区）的县乡级民族地区学生学业成绩都与国家课程标准的要求存在较大差距。经相关性分析得出，目前课程本身的难度是影响学生学业成绩的主要因素[7]。

2）教材。教材的影响主要体现在两个方面：一是由于通用教材的"都市化"倾向，其与少数民族学生的现实生活距离较远，一些城市孩子熟悉的情景对少数民族学生的认知能力来说常常是一种挑战；二是双语教育地区的母语教材是内地通用教材的直接翻译版本，直译时不仅引入了大量原有少数民族语言中不存在的新词汇，而且有些语言也不符合少数民族语言的书写与阅读习惯，加之直译教材脱离了少数民族地区特有的文化，也增加了学生在阅读理解方面的困难[8]。

3）教学资源。民族地区，特别是乡镇、农村学校的基础设施与教学硬件条件有限，不少学校缺乏基本的教具，辅助教学资源尤其是双语辅助教学资源更是严重匮乏。

4）学生学习习惯。参与调研的教师的一致看法是，民族地区学生的聪慧程度与内地学生无异，并且在刻苦努力方面更为突出。但民族地区学生普遍存在学习习惯方面的问题，如死记硬背是民族地区学生普遍采用的学习方法，数学的解题步骤，包括定理、定义一般都被要求背下来，学生在某种程度上缺少独立思考、主动探究的习惯，学习状态整体上比较被动，对死记硬背等学习方法的依赖性较强[9]。

5）教师结构。这里的结构仅指教师专业、学历、年龄三个方面，具体表现为教师总量大，但专业对口的教师数量少，由文科毕业的教师教数学或其他理科的现象比较普遍；教师学历达标率低；乡镇特别是农村教师老龄化严重；双语教师不仅数量匮乏，而且整体素质难以满足双语教学的需要[10]。

6）教师教学水平。对于已经持续开展十几年的基础教育课程改革，民族地区的教师普遍了解不多、理解有限，对新的课程标准的理念、要求以及变化知之不多。灌输仍然是教师开展教学的主要形式，另外教师在课堂教学中出现知识性错误的现象也不同程度地存在。

（二）第二阶段研究结果

2015 年，我们采用与第一阶段相同的方法，对甘肃、新疆第一阶段开展过调研的学校进行了第二阶段的跟踪调研，目的是考察历经 4 年后前文所述 6 个要素的变化情况。

1. 调研对象及样本量

2015 年，我们对 2011 年曾经调研过的甘肃甘南藏族自治州、新疆巴音郭楞蒙古自治州的 8 所初中、9 所小学进行了相同形式和内容的调研，其中甘肃初中 5 所、小学 5 所，新疆初中 3 所、小学 4 所，这 17 所学校既包括州府所在地学校也包括县乡级学校，既包括寄宿制也包括走读制学校，涵盖的学校类型全面。两个阶段的调研样本量详情如表 1 所示。

表1   发放测试卷和调查问卷数   单位：份

阶段	甘肃初中	新疆初中	甘肃小学	新疆小学	合计
第一阶段	201	116	162	263	742
第二阶段	298	180	258	241	977

2. 调研学校的教学模式

与其他民族地区不同，由于实行双语教学，甘肃、新疆两个地区不同学校的教学模式构成相对复杂，为厘清调研信息的来源，并有助于对统计结果的理解，对不同教学模式介绍如下。

甘肃民族地区有 3 类教学模式，分别称为一类模式、二类模式和普通模式。其中，一类模式是指所有课程均用少数民族语言授课，另外加授一门汉语文课，故测试卷与调查问卷均用藏语作答；二类模式是指所有课程均用汉语授课，另外加授一门少数民族母语文课，故测试卷与调查问卷均用汉语作答；普通模式是指全部用汉语授课的模式。我们通过调研发现，这三种教学模式均存在。

新疆民族地区有4类教学模式，分别为普通模式、一类模式、二类模式和汉语教学模式。其中，普通模式是指所有课程均用少数民族语授课，加授一门汉语文课；一类模式是指理科课程用汉语授课，文科课程用少数民族语言授课，加授一门少数民族母语文课；二类模式是指所有课程均用汉语授课，加授一门少数民族母语文课；汉语教学模式是指所有课程均用汉语授课，未开设少数民族母语文课。调研涉及的新疆地区学校都是采用二类模式和汉语教学模式，故测试卷与调查问卷均用汉语作答。模式类型样本分布及样本量详情如表2所示。

表2　按模式发放测试卷和调查问卷数　　　　　　　单位：份

阶段	甘肃小学一类模式	甘肃小学普通模式	新疆小学二类模式	新疆小学汉语教学模式	甘肃初中一类模式	甘肃初中二类模式	新疆初中二类模式	新疆初中汉语教学模式
第一阶段	51	111	211	52	65	136	74	42
第二阶段	163	95	171	70	230	68	145	35

（三）两阶段测试成绩对比结果

根据整体数据和不同模式，使用 SPSS 软件对测试成绩进行分类，分两个学段进行统计，结果如下。

（1）小学统计结果

两个阶段甘肃小学学生的平均成绩比较如表3所示。

表3　甘肃小学学生的平均成绩比较　　　　　　　单位：分

阶段	整体	一类模式	普通模式
第一阶段	35.65	24.06	40.98
第二阶段	31.53	28.13	37.86

采用 t 检验，设定显著性水平为 0.05，进行显著性检验，两个阶段相比较，整体上学生的成绩有显著差异（$p=0.006<0.05$），第二阶段学生成绩明显低于第一阶段学生成绩；一类模式学生成绩显著提高（$p=0.01<0.05$）；普通

模式学生成绩无显著差异（$p=0.076>0.05$）。

两个阶段新疆小学学生的平均成绩比较如表 4 所示。

表4　新疆小学学生的平均成绩比较　　　　单位：分

阶段	整体	二类模式	汉语教学模式
第一阶段	33.50	30.37	46.17
第二阶段	35.88	31.84	45.74

采用 t 检验，设定显著性水平为 0.05，进行显著性检验，两个阶段相比较，得出整体（$p=0.087>0.05$）、二类模式（$p=0.3>0.05$）与汉语教学模式（$p=0.884>0.05$）下学生的成绩均无显著差异。

（2）初中统计结果

两个阶段甘肃初中学生的平均成绩比较如表 5 所示。

表5　甘肃初中学生的平均成绩比较　　　　单位：分

阶段	整体	一类模式	二类模式
第一阶段	20.58	24.18	18.93
第二阶段	19.81	19.17	21.99

采用 t 检验，设定显著性水平为 0.05，进行显著性检验，两个阶段相比较，得出整体上学生成绩无显著差异（$p=0.34>0.05$）；一类模式第二阶段学生成绩明显低于第一阶段（$p=0.000<0.05$）；二类模式学生成绩显著提高（$p=0.024<0.05$）。

两个阶段新疆初中学生的平均成绩比较如表 6 所示。

表6　新疆初中学生的平均成绩比较　　　　单位：分

阶段	整体	二类模式	汉语教学模式
第一阶段	33.42	28.19	42.64
第二阶段	28.64	24.66	45.11

采用 t 检验，设定显著性水平为 0.05，进行显著性检验，两个阶段相比较，整体（$p=0.006<0.05$）以及二类模式（$p=0.02<0.05$）下第二阶段学生的成绩明显低于第一阶段；汉语教学模式下两个阶段学生的成绩无显著差异（$p=0.471>0.05$）。

可以看出，4 年来，调研涉及的 17 所中小学学生数学学业成绩的变化幅度不大，整体上而言，成绩无显著差异或略有下降。

（四）影响因素对比

通过测试成绩的变化，对比第一阶段得出的制约民族地区学生数学学业成绩的几个主要因素的变化情况，找出影响民族地区数学课程质量的关键因素。

将学生调查问卷可量化的问题按信息要素归为 4 个模块：课程难度、课程对学生的吸引程度、学生学习习惯、教材内容与设计。将学生测试成绩与这 4 个要素进行相关分析，并将相关程度按由强到弱排序，得到表 7、表 8。

表7　两个阶段甘肃学生学业成绩各影响因素对比

阶段	第一影响因素	第二影响因素	第三影响因素	第四影响因素
第一阶段	课程难度	课程对学生的吸引程度	学生学习习惯	教材内容与设计
第二阶段	课程难度	课程对学生的吸引程度	教材内容与设计	学生学习习惯

表8　两个阶段新疆学生学业成绩各影响因素对比

阶段	第一影响因素	第二影响因素	第三影响因素	第四影响因素
第一阶段	课程难度	学生学习习惯	教材内容与设计	课程对学生的吸引程度
第二阶段	课程难度	学生学习习惯	课程对学生的吸引程度	教材内容与设计

（1）课程难度

4 年来，课程难度大的问题没有实质性改变。可以看出，两个地区影响学生学业成绩的第一要素都是课程难度。在调查问卷中，两个阶段学生对数学感兴趣的比例在递减，以新疆初中学生为例，如图 1 所示。

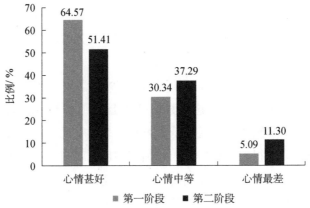

图1　新疆初中学生上数学课的心情

注：因四舍五入，个别数据之和不等于100，下同

学生对数学课程的兴趣降低幅度较大，在一定程度反映出了数学课程的难度对学生提出了挑战。民族地区的学生面临汉语、母语、英语三重教学语言的压力，这种压力转移到课程本身，进一步加大了课程难度。所以，历经 4 年后，课程难度仍然是影响民族地区学生数学学业成绩的首要因素。

（2）教材

4 年来，教材面貌也没有实质性改变。民族地区的数学教材，无论是汉语版教材还是民汉双语教材，与第一阶段相比没有任何实质性改变。民族地区教师对教材的依赖性本来就强，在相当一部分教师手里只有教材，没有其他教辅资料的情况下，教材的不适用进一步加大了民族地区的教学难度。因此，教材仍然是影响民族地区学生数学学业成绩的主要因素之一。

在第一阶段的研究成果中，笔者曾建议：逐步把双语教材的直译版本改为编译版本，在以通用教材为蓝本的前提下，将民族地区的历史、文化和现实生活以改编的形式融入教材内容，但这一建议并未被采纳。民族地区现行教材在情景设置、表达方式和语言习惯以及生僻词汇等方面存在的问题，对民族地区学生的认知能力提出了一定的挑战。

（3）教学资源

4 年来，民族地区硬件资源建设得到了巨大改善。4 年前，调研学校的教室普遍显得拥挤、简陋，并且缺乏基本的教具，甚至一些应当与教材配套使用的教具也非常缺乏。如今，这些学校有了现代化的教学楼、塑胶跑道、足球场，其水平和质量等与大城市的学校没什么太大差别；多媒体、电子白板、宽带等现代设备几乎覆盖了每间教室，教师采用多媒体等辅助设备授课的情形明显增多，以新疆初中为例，如图 2 所示。

显而易见，第一阶段调研时，仅有 22.45% 的学生反映教师在教学过程中运用了多媒体，历经 4 年后，这一数据已经上升到 40.58%，而且其他教具的使用比例也并未因多媒体的介入降低。可见，教学辅助资源在民族地区的发展速度很快，覆盖面也很广。近年来，在国家和地方政府对民族地区的大力扶持下，民族地区学校的基础设施和辅助教学设备建设发生了翻天覆地的变化，硬件资源已不再是制约民族地区学生数学学业成绩的主要因素。

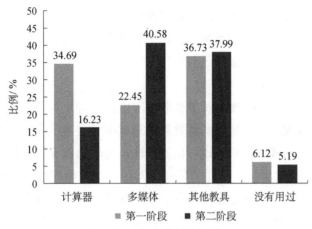

图 2　新疆初中教具使用情况

（4）学生学习习惯

4 年来，民族地区学生的数学学习习惯基本未发生实质性的改变。与第一阶段调研的情形几乎完全相同，在第二阶段，民族地区学生依然普遍勤奋，尤其是在一些寄宿学校，学生通常是早上 6 点到晚上 10 点的大部分时间都在学习，随处可见学生大声背诵的场景。老师讲课也多强调学生要把定理、定义记下来，却较少引导学生理解。实际上，死记硬背、记住解题步骤、机械训练、重结果轻过程仍然是民族地区学生普遍的学习方式。整体上而言，学习比较被动、依赖性较强的状况，仍然制约着民族地区学生良好数学学习习惯的养成。

（5）教师结构

4 年来，民族地区的教师结构发生了巨大改变。与第一阶段相比，我们在第二阶段的调研中发现，民族地区教师学历普遍有所提高，几乎所有调研学校的数学教师都具有专科及以上学历，而且中学数学教师的学历基本上达到了本科及以上。表 9 是甘肃某小学 2011 年与 2015 年数学教师学历对比情况，可以看出教师的学历层次有了显著提升。

表 9　甘肃某小学数学教师学历情况

项目	2011 年	2015 年
本科	<20%	70%
专科及以上	<50%	100%

在甘肃一所中学，理科教师共 15 名，其中 13 人具有本科学历，另 2 人具有研究生学历，这样的现象已经非常普遍。另外，专业不对口现象也大大改

善，如调研的新疆 7 所学校，4 年来新进教师专业对口率已达 82%。现存的专业不对口情况，一般发生在教龄较长的老教师身上。教师结构问题已不再是制约民族地区学生数学学业成绩的关键因素。

（6）教师教学水平

4 年来，民族地区的教师教学水平有所提高。与 4 年前相比，我们在第二阶段的调研中发现，民族地区的课堂教学形式明显呈现出多样化的趋势。尽管有的只是拘泥于形式，但仍可以看出课程改革的理念正在得到越来越多教师的认可，"把课堂还给学生"这样的话题也开始成为教师和教育管理部门领导关心的话题。4 年前，很多受访教师表示不是特别了解义务教育数学课程标准。4 年后，大部分教师所在的学校都组织教师学习过相关课程标准，部分教师还参加过校外的相关培训活动。另外，双语教师的汉语表达能力普遍提高了，但是双语教学中"双语双强"的目标仍未达到。图 3 是新疆初中学生关于教师讲课语言的看法。

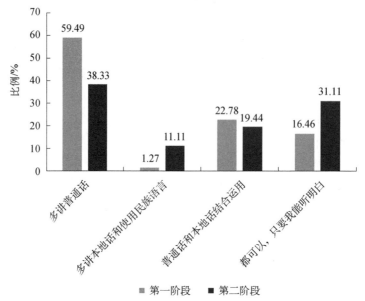

图 3   新疆初中学生关于教师讲课语言的看法

与第一阶段相比，学生希望教师"多讲普通话"的比例明显下降了，这从一个侧面反映出学生对教师汉语教学态度的变化。与此同时，2015 年新疆初中二类模式（使用汉语授课）下学生测试成绩呈显著下降的现象也在一定程度上印证了实现"双语双强"目标将对学生数学学业成绩的提升产生积极影响的事实。由此可见，双语教学水平仍然是制约民族地区学生数学学业成绩的因素。

四、结论

在第一阶段研究得出的整体结论的基础上，历经 4 年之后，通过第二阶段的跟踪研究，经综合对比分析，得出以下结论。

1）4 年来，民族地区教学资源建设、教师结构调整方面得到明显改善，教师教学水平也在一定程度上有所提高，但学生的数学学业成绩并未发生相应的改变，甚至呈现稳中有降的趋势，说明教学资源、教师结构并不是影响学生数学学业成绩的关键因素。

2）与 2011 年相比，课程难度、教材没有任何改变，学生的学习习惯变化甚微，同时学生的数学学业成绩未发生相应的改变，甚至呈现稳中有降的趋势，说明上述三方面因素对学生数学学业成绩的影响不大。

3）在调研涉及的内容中，变化明显的 2 个因素（教学资源建设、教师结构调整）不构成影响学生数学学业质量的关键因素；有所改变但变化并不明显的因素（教师教学水平）以及未发生变化的 3 个因素（课程难度、教材、学生学习习惯）可能是影响学生数学学业成绩的关键因素。

综上，本文从相对精准的角度证明了如果那些对学生数学学业成绩可能产生正面影响的因素仍然没有实质性的改变，民族地区学生的数学学业成绩也不会有相应的提高。

参考文献

[1] 杜亮，王伟剑. 选理或选文背后，那只看不见的手[J]. 中国民族教育，2015（4）：33-35.
[2] 万明钢，蒋玲. 论我国少数民族教育中的"理工科问题"[J]. 教育研究，2016（2）：96-101.
[3] 郑新蓉，王学男. 少数民族理科学习困境的因素分析[J]. 教育学报，2015（1）：63-70.
[4] 张积家. 理科好不好，也应看思维[J]. 中国民族教育，2017（3）：18.
[5] 王大甬，刘尚旭，李世存. 甘南藏族自治州中小学理科教育存在的主要问题及对策研究[J]. 民族教育研究，2017（3）：56-63.
[6] 马启龙，董三主，王纬. 民族地区理科教育滞后的原因、存在的问题及今后改革的出路——以甘肃省藏族地区为例[J]. 民族教育研究，2018（1）：37-43.
[7] 孙晓天，何伟，贾旭杰. 民族地区义务教育数学课程的问题及对策[J]. 中国民族教育，

2013（2）：15-17.

[8] 贾旭杰，何伟，孙晓天等. 民族地区理科双语教材建设的问题与建议[J]. 民族教育研究，2014（5）：117-120.

[9] 何伟，李明杰. 我国少数民族地区学生数学学习态度的调查分析与思考[J]. 民族教育研究，2014（1）：84-91.

[10] 孙晓天，贾旭杰. 当前少数民族地区数学教师对数学课程的看法——基于访谈的梳理与分析[J]. 民族教育研究，2014（1）：77-83.

（本文发表于《民族教育研究》2019 年第 2 期）

教学、教师、教材——民族地区理科教育遭遇三大困局

马 佳 何 伟

自 2012 年起，教育部组织有关单位对广西、贵州、西藏、甘肃、宁夏、新疆等西部省份以数学为龙头的理科教育情况进行了全面深入调研，内容涉及理科教育经费投入、学业成就、办学条件、课堂教学、教师队伍、教材教辅及教育资源等诸多方面。结果发现，随着 2011 年我国全面实现"两基"，以及义务教育学校标准化建设和农村义务教育薄弱学校改造计划项目的推进，我国民族地区理科教育办学条件和教育质量整体有所提高，理科教师队伍不断得到充实，"文多理少"的高考生源结构和高等教育专业招生结构整体有所改善。同时，也存在诸多问题，其中教学、教师、教材"三教"问题尤为突出，是影响民族地区理科教育质量的主要因素。

一、现状白描：理科教育整体质量偏低

（一）课堂教学

当前，在西部民族地区的理科课堂中，以教材、知识传授为中心的传统观念并未显著改变，以学生为中心的教学观念和方式方法仍未落到实处。教师对学生学习基础和能力、学习习惯、学习兴趣等方面的差异性关注不够，尤其是在西南民族地区的县城学校，大班额现象突出，从客观上造成了教师在课堂教学中照顾不到全体学生。调研发现，与县城学校相比，乡村学校的课堂存在更多

问题。

第一，现代教学手段与资源仍未普及，教学手段和方式比较传统、单一。教学方法单一影响到了学生学习的独立性和思维的开阔性。例如，问卷调查结果显示，民族地区县乡学校学生遇到不懂的问题时更倾向于问教师和同学，一些学生不愿意独立思考。又如，县乡学校学生很少会采用与教师不同的方法解决数学问题[1]。

第二，基本的课堂教学规范没有得到落实，部分教师在课前没有认真做好有针对性的教学计划，教学呈现出随意性，课后对学生的知识掌握情况缺少及时的了解和反馈。乡村学校教师对学生课堂学习行为和作业没有明确、清晰的要求，学生的学习习惯有待改善。

第三，乡村学校大部分教师在教学中仍然存在一些认识不到位和知识点理解方面的偏差，学校教研共同体仍不足以支持教师解决课堂教学中遇到的困难和问题。

（二）理科教师队伍

调研地区的理科教师通过自学、函授等多种继续教育途径在职提升学历，各学科学历合格率均在95%以上。但是，这并不意味着理科教师队伍的整体素质较高，可以说教师队伍素质仍是制约理科教育质量提升的关键因素，具体表现在以下几个方面。

一是理科教师的学科教学胜任力有待提高。民族地区近2/3的理科教师通过继续教育提升学历，知识结构和教学能力难以适应教育新目标和新要求。部分乡村物理、化学教师无法通过准确的实验操作传递精确、严谨的科学态度和精神。

二是在新疆等一些广泛使用少数民族语言文字的民族地区，理科双语教育要求双语教师具备民汉兼通的双语能力，但是有部分教师的双语能力不过关，既不能深刻理解教材编写者的意图，也不能准确和流利地传达教学内容，更不能从容应对课堂中的突发教学事件，使得在教师主导下的意在挖掘深层教育意义的师生、教材、课堂情境的互动无法深入。

三是西南民族地区优秀教师集中向县城学校流动的现象突出，造成民族地区城乡的师资力量不均衡。例如，我们在调研中发现，2013年底，广西百色凌云县某乡初中有专任教师27人，2012—2013年有10名教师调往县城，造成理科教师数量不足。

（三）理科教材

教材是理科教育的基本载体，是教师教学的基本依据。尤其是在边远、贫困的民族地区，教材几乎成为师生教学活动主要依赖的资源，其地位和作用突出。从调研及已有研究来看，课程、教材的难度问题已成为影响学生的理科学业成绩的首要因素。它具体表现为与学生认知水平不符产生的难度，人为编造的"实际"问题造成的难度，内容并未减少造成的难度，对新增内容不熟悉造成的难度，教材过于"都市化"造成的难度[2]。

双语理科教材的双语结合不到位正成为不容忽视的问题。在新疆、西藏等地区，部分学校采用"二类模式"教学，由于师生对国家通用语言文字掌握得不够扎实，教师难免会结合民族语言文字进行授课，再加上多地使用的"二类模式"双语教材中的术语、关键词等多数摘自汉语版教材，缺少民族语言文字注释，造成教学用语与课本用语之间存在语言过渡难的问题。

教材衔接不当也给教学造成了一定的困难。一方面，不同语种教材的过渡存在问题。例如，西藏小学数学普遍使用藏语教材，但中学数学就改用国家通用语言文字授课，没有适当的衔接和过渡，学生难以跟上。另一方面，教材版本更新过快，中小学使用不同版本的教材，知识点无法得到有效衔接。例如，广西某市仅小学数学教材 8 年间就换过 3 套。

上述问题在民族地区既有一定的普遍性，在不同地区、不同教学模式下又有不同的表现。在西藏、新疆等以民族语言为主进行授课的民族地区，教师的汉语水平、运用汉语教学的能力是影响学生理科学习成绩的首要因素；在贵州、宁夏、广西等以主要使用国家通用语言文字进行授课的民族地区，课程和教材的难易程度则是影响学生理科学习成绩的首要因素；在乡村学校，课堂常规与学生学习习惯则是亟须改进的重要问题。

二、原因探求：各方面问题都未得到有效解决

民族地区理科教育的问题由来已久，问题在教育内部，但根源在于民族地区经济社会发展水平以及长期形成的就业结构和社会语言环境。到目前为

止，各层面仍未就如何提升民族地区理科教育质量形成清晰的解决思路，未形成具有针对性和有效性的政策、保障措施。具体来说，包括以下几个方面。

（一）课堂教学质量提升工作不够深入和细化

课堂之所以重要，不仅在于它是系统传播知识的核心场所，而且在于它是培养学生正确的情感、态度和价值观的主要渠道，是培养学生良好的习惯、开阔的思维和促进积极的人际互动的途径。在不少国家，课堂教学得到高度重视，并细化落实到教师评聘等工作中。例如，美国州际新教师评估与支持联合会（Interstate New Teacher Assessment and Support Consortium）提出的针对新教师的十条专业资质评价标准中，有五条指向课堂教学[3]。在我国民族地区，理科课堂教学的重要性得到广泛认同，但缺乏一系列与提升质量相配套的评价标准、条件和措施，其重要性仍未得到有效彰显。

"重考试、轻教学"，"重知识、轻方法"，"重教学结果、轻教学过程"的观念在民族地区仍未得到彻底转变，或多或少地影响着日常课堂教学。在国内，自 20 世纪 50 年代以来，教研活动已较普遍，被认为是提升课堂教学质量的有效途径，主要表现在集体备课、观摩课和定期的教研会议交流等方面。但在民族地区尤其是县乡及以下地区，学校的理科教研活动质量偏低，通常处于低水平循环状态，教师无法对教材内容、教学设计和学生的学习情况进行深入、系统的研究，教学中存在的问题无法得到及时解决，这又与教研员队伍建设不足有一定的联系。另外，民族地区的县级教研员队伍规模变小、编制压缩，一名教研员名义上要指导多门学科，同时还要承担教研工作以外的行政工作，更是无暇顾及乡村一级学校教师的需求，教学指导工作无法广泛、深入地开展。

（二）民族地区理科教师队伍建设仍未找到有效途径

教师数量不足是制约民族地区理科教育质量的关键因素。目前，理科教师队伍建设面临诸多问题，主要原因在于民族地区教师队伍管理体制尚未理顺，教师的入口、出口、培养培训和教师资源配置缺乏一体化发展的管理机制。国家层面缺乏有力的支持政策，民族地区地方政策的活力有待提高，使得这些问题仍未从根本上得到彻底解决。

以教师入口为例，这是一个需要教育、人事、编制、财政等诸多部门共同协调的问题，如果不解决地方学校教师编制吃紧问题，单方面增加理科师范生培养数量，是无法解决理科教师短缺问题的。目前，民族地区城乡师资力量悬殊，且仍有大量优秀教师意欲调离乡村学校，致使城乡教育质量差距进一步拉大。隐藏在这一问题背后的是长期存在的乡村教育缺乏全方位长效保障制度和激励机制等深层次原因。乡村教师岗位的吸引力不大，多数乡村学校工作和生活条件艰苦。部分地区的教师在承担日常的教学任务之外，还承担着维稳、管理等其他工作任务，工作负担大，工作压力更大。同时，针对不同民族地区的特殊情况，又缺乏相应的关于教师队伍发展的工资待遇、流动机制等方面的特殊政策。

（三）理科教师培训的实效性整体较差

20世纪70年代至21世纪初期，民族地区的教师培训目标已发生了根本性变化，由以能力补偿与学历提升为主过渡到全面实施继续教育。目前，民族地区教师培训的实效性整体较差，根本原因在于教师培训形式、方式、内容与培训的目标、功能不相适应。

培训方案、课程及相关内容缺乏针对性和实效性。一方面，针对理科教师急需的学科知识、教材、学科教学法等方面的培训很少；另一方面，很少会根据理科教师的理论基础、实践经验、能力层次等安排不同形式和深度的培训，这种没有区分的培训通常使得优秀教师"吃不饱"，一般教师"吃不透"。此外，仍有一些地区的培训课程以大学学位课程为重要参考，无法凸显教师学科专业、教育教学的实践特征，与实际的结合不紧密。

（四）培训管理监督激励制度和机制不健全

教师培训内容能否体现不同教师的需求？培训形式和方式是否能调动教师的积极性和提高教师的参与度？教师参与培训后能力是否有所提高？一些培训主管部门或培训部门对这些问题很少进行研究。此外，教师参与培训的情况很少被作为教师在业务成绩考核、职务评聘、工资晋升等方面的重要参考依据。这种粗放式的管理具体表现为缺乏过程性管理、实行单向选择和评价、缺少制度约束和活力。

教师参与培训缺乏时间、经费保障，尤其是在教师紧缺的乡村地区，学校不愿意在教学时间外派教师，特别是不愿意外派优秀教师或是让教师参加周期较长的培训，因为这会影响正常的教学秩序。培训多占用工作时间或教师个人假期时间，产生了工学矛盾。虽然相关政策及文件都明确提出各级政府要加大对教师队伍建设的投入力度，要切实保障教师培养培训等方面的经费投入，但目前以各级财政拨款为主的教师培训经费体制仍未落实，教师外出培训的经费得不到保障，经费标准较低。

（五）教材及相关教学资源建设力度不够

虽然理科教材有多个出版社的可供选择，但是很多教材在内容选择和编写上参照的是部分典型地区学生的学习状况，参照范围不够全面，难以考虑到一些民族地区学生对教材内容的适应性。与教材配套的教辅材料在进度、难度方面与教学实际存在某种程度的脱离，对教学的重点、难点把握不准，未能充分发挥教辅材料在诠释、加深理解等方面的作用。此外，电子白板等现代多媒体教学设备未能全面覆盖民族地区乡村一级学校，教学素材、电子课件等相关理科教学资源种类不丰富、更新不及时、双语理科教学资源奇缺。从整体上看，教材、教辅及相关理科教学资源建设的投入力度需要大力加强，否则彼此之间"取长补短""相互支撑"的相长效果难以实现。

参考文献

[1] 何伟，李明杰. 我国少数民族地区学生数学学习态度的调查分析与思考[J]. 民族教育研究，2014（1）：84-91.
[2] 孙晓天，贾旭杰. 当前少数民族地区数学教师对数学课程的看法——基于访谈的梳理与分析[J]. 民族教育研究，2014（1）：77-83.
[3] Cooper J M, Hasselbring S G, Leighton M S. Classroom Teaching Skills[M]. Boston：Houghton Mifflin Company，2002：376.

（本文发表于《中国民族教育》2015年第4期）

南疆小学生数学运算错误类型及分析——基于新疆大规模测评数据

何　伟　董连春　法　旭　邵　伟　郎甲机

结合对新疆的大规模测评数据，本文针对南疆小学生数学运算中的错误进行微观分析。研究发现，南疆小学生在整数乘法、整数除法、整数混合运算、小数加法、小数减法和小数混合运算六个方面出现的错误类型主要为概念性错误，比如，混淆运算符号、不理解小数概念、混合运算中的运算顺序混乱和运算律使用错误等。出现概念性错误的原因主要包括对复杂运算的算法与算理的理解不到位、对位值的理解不到位和混合运算中对运算规则的理解不到位。

一、问题的提出

数学运算是数学课程中"数与代数"部分的重要内容，同时也是支撑学生学习图形与几何、统计与概率、综合与应用三个部分的重要基础。《义务教育数学课程标准（2011 年版）》将"运算能力"列为十大核心概念之一，并明确指出，"运算能力主要是指能够根据法则和运算律正确地进行运算的能力"[1]。小学生数学运算能力及其教学方法层面的研究，主要集中在运算错误的类型以及对策上。王巍指出，小学生在出现计算错误时，教师往往会简单地将其归因为学生不认真听讲、不够细心或者思维定式等，缺乏对学生运算错误背后深层次原因的剖析与指正[2]。孙兴华和马云鹏的研究发现，小学生在数学运算方面出现错误的原因是十分复杂的，新手教师往往只能认识到学生错误的表层原因，而教学经验丰富的教师能够发现学生错误背后的深层次原因[3]。张树东在总结国内外研究的基础上，从心理学和教育学两个层面梳理了小学生出现运算错误的主要原因，包括缺乏概念性知识、工作记忆低下以及视觉-动作统合能力低下等[4]。

在新疆，特别是南疆四地州，即和田地区、喀什地区、克孜勒苏柯尔克孜自治州和阿克苏地区，由于各种因素的影响，长期以来，学生在数学学习方面面临的问题较为突出[5, 6]。研究者对新疆学生数学学业成绩与诸多影响因素之间的关联进行了研究和探讨，比如，有学者指出，新疆学生的数学学业成绩不佳与如下因素存在密切联系：教育投入、师资水平、学校办学形式（如寄宿制）、课程设置的难度、数学教材与新疆学生日常生活的联系、学生汉语水平、学生的自我效能感、学生的学习信念与学习习惯、学生的学习方式等[5]。这些研究从宏观层面分析了影响新疆学生数学学业成绩的因素，为教育政策的制定与调整提供了非常有价值的借鉴。

2016 年 5 月，教育部民族教育发展中心和新疆维吾尔自治区双语教育质量监测评价中心联合开展了新疆双语教育质量监测工作[7]，南疆地区 9229 名四年级小学生参加了数学测试。结果发现，南疆四地州四年级小学生在"数与代数"部分测试的平均得分率①仅为 50%，其中数学计算题目的平均得分率为51%，进一步反映出南疆四年级小学生数学运算能力非常薄弱这一问题。数学运算是小学阶段数学学习的重中之重，不仅会影响到后续数与代数部分内容的学习，还会影响到其他模块的学习，因此深入研究南疆四年级小学生数学运算错误十分必要。

针对上面所述，本文主要研究以下问题：南疆小学生在数学运算方面出现的具体问题有哪些？原因何在？只有找到影响南疆小学生运算能力薄弱的根本原因，才能提出有针对性的解决方法。

二、研究方法

（一）研究样本

在南疆四地州中，阿克苏地区的教育处于中等水平，因此本文采用分层

---

① 得分率=（所有学生在"数与代数"部分的平均得分÷"数与代数"部分得分总分）×100%。

抽样与简单随机抽样相结合的方法，从以上测试中的阿克苏地区学生样本（总计 2085 名学生）中抽取 660 名四年级学生的测试卷，其中维吾尔族学生比例为 99.5%，使用汉语学习数学课程的学生约为 80%，男女生之比约为 47：50，农村学生的比例约为 81%。抽取样本各方面的比例与原样本比例基本一致，能够较好地代表南疆四地州学生的一般情况。具体信息如表 1 所示。

表1　研究对象具体信息　　　　　　　单位：人

项目	城市	农村	总计
男生	61	260	321
女生	65	274	339
总计	126	534	660

（二）测试题目

本文主要分析数学测试中的考察数学运算能力的题目，共计 14 道小题。题目主要包括两大类，第一大类为填空题，包含 9 道小题（示例：3.6+1.1=＿＿）；第二大类为简答题，包含 5 道小题（示例：计算 $36 \times 28+36 \times 22$）。题目中涉及的运算对象和运算方式如表 2 所示。新疆双语教学质量监测始于 2011 年，每年都进行数学测试，因此测试试题较为成熟，试题具有较好的信度和效度。测试题目的具体类型如表 2 所示。

表2　测试题目具体类型　　　　　　　单位：个

运算对象	运算方式	第一大类分布	第二大类分布
整数	乘法		1
	除法	2	1
	混合运算	1	1
小数	加法	3	1
	减法	1	
混合	整数与小数混合减法	2	1

（三）编码分析与数据处理

本文针对学生在运算过程中出现的错误进行编码分析。结合前人的研究[5, 8, 9]，本文将运算错误分为三类，即概念性错误、程序性错误和协调性错误。概念性错误主要是指学生在数学运算方面存在概念性的认知错误，如不能根据计算法则进行基本的运算；程序性错误是指学生对数学运算有基本的概念认知，但是具体使用运算法则进行运算时会出现错误（如进位错误或者借位错误）；协调性错误主要是指学生对数学运算有基本的概念认知，能够依据运算法则进行运算，但是在运算过程中由于粗心产生的错误，如誊写错误或者遗漏数字错误。对于加法、减法、乘法、除法、混合运算五种类型的题目，将学生出现的错误分别编码为概念性错误、程序性错误和协调性错误，具体编码框架如表 3 所示。为了保证编码的一致性，由两位编码员对所有学生的答案进行独立编码，而后对编码不一致的学生的答案进行了进一步讨论和分析，最终达成一致。

表 3　编码框架

题目类型	概念性错误	程序性错误	协调性错误
加法	混淆运算、不考虑列、不理解小数概念、其他	进位错误、残迹错误	誊写错误、遗漏错误、部分错误
减法	混淆运算、不考虑列、不理解小数概念、其他	借位错误、残迹错误	
乘法	混淆运算、其他	空间排列错误、计算不完整	
除法	混淆运算、其他	估商错误、计算不完整	
混合运算	运算顺序错误、运算律使用错误		

注：关于错误类型的具体解读，请参见下文

三、研究结果

（一）整体水平

在 660 名学生样本中，全部（14 道）运算题目的平均正确率为 58%，具体每道题目的正确率情况如表 4 所示。可以发现，南疆四年级小学生在小数加减法部分的正确率相对较高，而在整数乘除法以及整数混合运算部分的正确率相对较低。特别地，整数混合运算部分两道题目的正确率均低于 50%。此外，整数与小数混合减法的正确率也相对较低，三道题目中有两道题目的正确率低于 50%。

表4 新疆基础教育监测测试中计算题正确率

项目		题号	正确人数/人	错误人数/人	正确率/%
整数	乘法	2.5	352	308	53*
	除法	1.8	410	250	62
		1.9	422	238	64
		2.1	201	459	30*
	混合	1.7	323	337	49*
		2.2	279	381	42*
小数	加法	1.1	606	54	92
		1.3	473	187	72
		1.5	527	133	80
		2.3	295	365	45*
	减法	1.4	453	207	69
混合	整数与小数 混合减法	1.2	400	260	61
		1.6	262	398	40*
		2.4	307	353	47*

注：*表示正确率低于60%

（二）错误类型

图1给出了学生在整数乘法、整数除法、整数混合运算、小数加法、小数减法和整数小数混合减法六个方面的错误类型情况。可以发现，在每一类题目中，学生运算错误中概念性错误所占的比例基本上都接近甚至超过了70%。在整数乘法、整数除法和小数减法三个层面，学生运算错误中的概念性错误比例超过了85%。

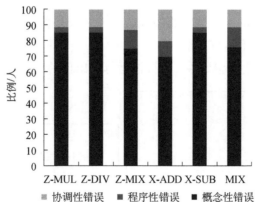

图1 新疆小学生不同类型运算错误所占比例

注：Z-MUL为整数乘法，Z-DIV为整数除法，Z-MIX为整数混合运算，X-ADD为小数加法，
X-SUB为小数减法，MIX为整数小数混合减法

由图 1 可见，学生在运算过程中出现的错误主要为概念性错误，反映出学生出现错误的原因并非简单的不认真和不细心，而是对算理和算法的理解存在很大的问题。

（三）具体错误实例

本文将通过学生作答的具体实例，从概念性错误、程序性错误和协调性错误三个方面展示学生在每种错误类型上出现的问题和障碍，并简要分析这些错误和障碍产生的原因。

1. 概念性错误及原因分析

（1）概念性错误的产生原因

1）混淆运算。图 2 列出了学生在小数加法与减法计算中的混淆运算的错误。

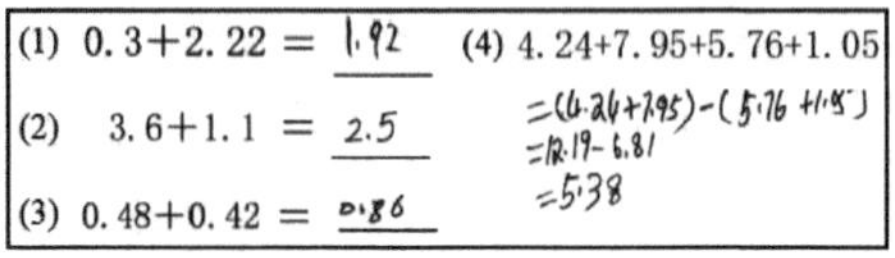

(1) 0.3+2.22 = 1.92
(2) 3.6+1.1 = 2.5
(3) 0.48+0.42 = 0.86
(4) 4.24+7.95+5.76+1.05
=(4.24+7.95)-(5.76+1.05)
=12.19-6.81
=5.38

图 2　概念性错误：混淆运算（一）

注：图中序号是为了方便展示学生的错误答案，并非测试题目序号，下同

在计算时，学生对加减法的概念不理解，会将加法计算混淆为减法，将减法计算混淆为加法。图 2 中例（1）与例（2）的错误都是将加法运算混淆为减法运算，同时在例（1）中两数的减法运算为 0.3−2.22，被减数比减数要小，所以混淆运算的小学生又将被减数与减数互换位置，变成 2.22−0.3 的运算，最终得到 1.92 的运算结果。

图 3 列出了学生在整数乘法与除法运算中出现的混淆运算错误。

(1) 56×101
(2) 56×101
(3) 36×28+36×22
(4) 36×28+36×22
(5) 36×28+36×22
(1) 121÷11 = 110
(2) 121÷11 = 142
(3) 100÷25 = 124
(4) 1749÷68

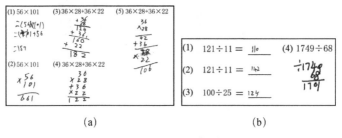

(a)　　(b)

图 3　概念性错误：混淆运算（二）

在图 3（a）的 5 个例子中，学生将乘法按照加法进行运算，从而得出错误结果。尤其是在例（3）、例（4）、例（5）中，题目中运算符号既有乘法符号，又有加法符号，但是学生仍旧将所有数字按照加法进行计算。在图 3（b）中，有些情况可能是学生将除法混淆为减法［如例（1）、例（4）］，有些情况可能是学生将除法混淆为加法［如例（2）、例（3）］。

2）不考虑列。图 4 列出了学生在加法与减法运算中不考虑列出现错误的情况。

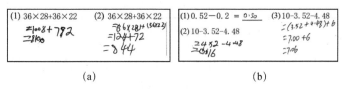

图 4 概念性错误：不考虑列错误

例如，在图 4（a）的例（1）中，学生在得出乘法运算结果之后，进行加法运算 1008+792 时，混淆了千位与百位，从而将正确结果由 1800 写成 8100。又如，图 4（b）的例（1）中显示学生在进行减法计算时，没有考虑列，从而将两个小数的末位对齐，而非小数点对齐，导致出现错误结果 0.50。

3）不理解小数概念。图 5 和图 6 列出了学生在小数加法运算与小数减法运算中出现的"不理解小数概念"错误。

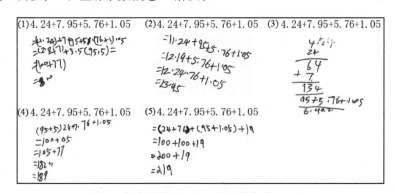

图 5 概念性错误：不理解小数概念（一）

从图 5 的例（1）中可以很清晰地看出，当出现 7.95+5.76 时，学生将加号左边和右边的两组数字（即 95 和 5）看作了加法的运算对象，并且用小括号将 95+5 放在一起，这说明学生并未理解小数与整数的区别。

在图 6 的例（1）中，学生将 10-3.52-4.48 看成（10-3）、（52-4）和 48

三个部分分别计算。同样，例（2）中出现 52-4，例（3）中出现 4.52-48，例（4）中出现 5.12-52，都表明学生并没有真正理解小数的概念和表示，仍按照整数的处理方式来对待小数。

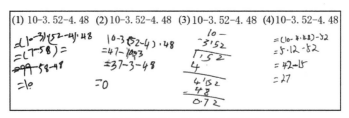

图 6　概念性错误：不理解小数概念（二）

4）计算顺序错误。图 7 列出了学生在混合运算中出现的计算顺序错误。

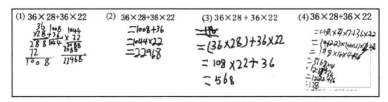

图 7　概念性错误：计算顺序错误

在图 7 的例（1）、例（2）中，学生错误地按照从左至右的顺序进行计算，没有考虑乘法运算优先的原则。在例（3）中，学生考虑到了乘法运算优先，但是错误地改变了运算的对象，导致出现了问题。在例（4）中，学生首先将 36 分解成 4 和 9，将 28 分解成 4 和 7，但是后面直接将 9 与 22 进行相乘，出现了错误。

5）运算律使用错误。图 8 列出了学生在减法混合运算中出现的运算律使用错误。

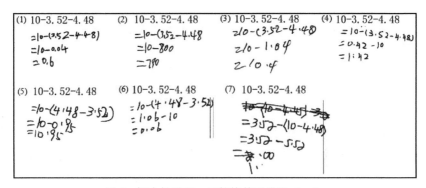

图 8　概念性错误：运算律使用错误（一）

在图 8 的例（1）、例（2）、例（3）、例（4）中，学生知道需要利用分配律将两个小数 3.52 和 4.48 进行运算，之后再和 10 进行运算，但是只是机械地将两个小数括在一起，没有改变运算符号。在对括号内的两个小数进行运算时，又出现了不同的问题。例（5）、例（6）在将两个小数进行运算时改变了减数与被减数的位置，即写成 4.48-3.52。

图 9 列出了在涉及乘法或者除法的混合运算中学生出现的运算律使用错误。

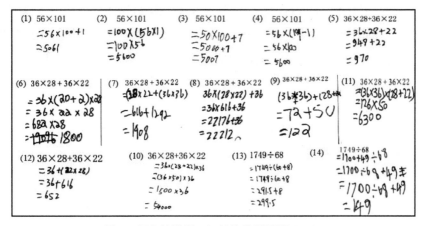

图 9　概念性错误：运算律使用错误（二）

在图 9 的例（1）、例（2）、例（3）、例（4）中，学生试图使用分配律进行运算，却仅仅对 56 与 100 进行乘法计算，没有对 56 与 1 进行乘法计算。在例（5）～例（10）中，学生试图使用乘法分配律进行计算，但出现了多种错误，可以看出，学生没有真正理解乘法分配律，只是从形式上记忆分配律的公式。

（2）概念性错误的原因分析

概念性错误的出现，说明学生学习运算的过程中存在较为严重的滞后问题。通过分析学生在具体运算过程中出现的概念性错误类型，我们发现如下几方面的原因制约了学生运算水平的提高。

第一，复杂运算的算法与算理的理解问题。例如，与加法和减法相比，乘法与除法的理解、计算更为复杂，对学生认知水平的要求更高。诸如混淆运算错误的出现，说明学生只能进行基础的加法运算和减法运算，无法进行乘法运算和除法运算。考虑到被测试的学生已经处于四年级，这反映出学生在计算技能方面严重滞后，仍然停留在较低层次。考虑到南疆地区学生主要为维吾尔族学生，母语并非汉语，因此这种错误的出现说明让学生有效地理解复杂运算的算理和算法仍然是双语教学中的一个难点。

第二，对位值的理解问题。在运算过程中，位置不同的数字代表不同的位值。诸如不考虑位值错误的出现，反映出学生对位值的理解有待加强。南疆地区大部分学生的母语并非汉语，例如，维吾尔族学生的母语为维吾尔语，而维吾尔语的书写顺序是从右向左，与数字书写顺序恰恰相反，给学生理解位值带来了一定的困难。因此，不考虑列错误的出现，说明在针对维吾尔族学生的教学中，教师需要特别考虑学生在位值这一概念方面的理解障碍。同时，学生出现的对小数概念的理解误区，也反映出学生对小数表示中的位值理解存在较大的障碍。

第三，混合运算中运算规则的理解问题。在混合运算过程中，涉及不同运算的优先级问题以及运算律的使用。学生出现运算顺序问题和运算律使用混乱等问题，反映出学生在数学学习中未能很好地理解混合运算的运算规则，对运算律的认识停留在较浅的层次。

2. 程序性错误及原因分析

（1）程序性错误的产生原因

1）进位、借位错误。图 10 和图 11 分别列出了学生在加法运算中的进位错误和减法运算中的借位错误。

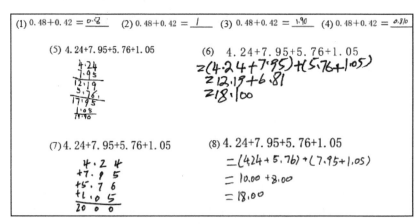

图 10　程序性错误：进位错误

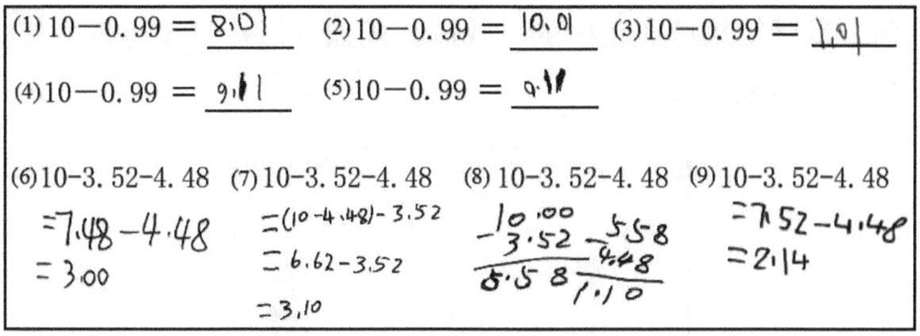

图 11　程序性错误：借位错误

如图 10 所示，例（1）中没有进位，例（2）中进了两位，例（4）中也没有进位，但是将 8+2 所得结果 10 放在了最后的计算结果中，最后得出 0.810 的错误结果。例（5）在计算 17.95+1.05 的过程中，没有进位，导致出现得出 19.90 的错误。

如图 11 所示，在 10−0.99 这个运算中，涉及两次借位。例（1）中，从 10 中借了两位，从而得到整数部分的结果为 8；例（2）中，没有借位，导致整数部分的结果为 10。例（3）中，结果的小数部分是正确的，但是整数部分是错误的。

2）残迹错误。图 12 列出了学生在加法运算和减法运算中出现的残迹错误。这种错误是指学生在加法计算或者减法计算中会改变运算的对象。

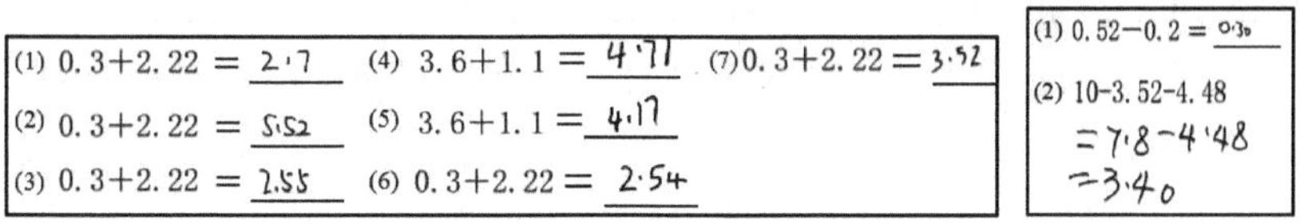

(a)　　　　　　　　　　　　(b)

图 12　程序性错误：残迹错误

在图 12（a）的例（1）中，学生错误地计算成 0.3+2.4，在例（2）中，计算成 3.3+2.22，在例（3）中，计算成 0.33+2.22，在例（4）中，计算成 3.6+1.11，在例（5）中，计算成 3.06+1.11。在图 12（b）的例（1）中，学生将 0.52−0.2 错误地计算为 0.52−0.22，而在例（2）中，将 10−3.52 错误地计算为 10−3.2，同时将 7.8−4.48 错误地计算为 7.88−4.48。

3）空间排列错误。图 13 列出了学生在乘法运算中出现的空间排列错误。这种错误主要出现在学生使用竖式进行乘法计算的过程中。例如，在图 13 的例（1）中，学生将三次的运算结果对齐排列；在例（2）和例（3）中，学生将前两个运算结果按照正确的方式进行排列，但是错误地将第三次运算结果与第二次运算结果对齐排列。

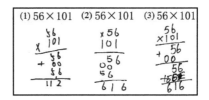

图 13   程序性错误：空间排列错误

4）计算不完整。图 14 列出了学生在乘法运算和除法运算中出现的计算不完整的错误。

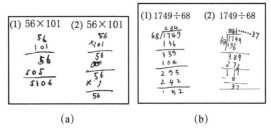

(a)   (b)

图 14   程序性错误：计算不完整

在图 14（a）的例（1）中，第一次运算是 56 乘 1，第二次运算应该是 56 乘 0，但是学生却按照 5 乘 101 的方式计算，然后将两次运算结果相加。在图 14（a）的例（2）中，学生首先将 56 与 101 的个位与十位进行计算，没有按照步骤进行完整的乘法计算。在图 14（b）的例（1）中，在完成第一步运算，得出商的最高位之后，没有继续完成后续的计算，例（2）中，在得出 117 之后，没有继续进行除法计算，

5）估商错误。图 15 列出了学生在除法运算中出现的估商错误。

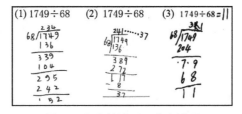

图 15   程序性错误：估商错误

在图 15 的例（1）中，计算 339 除 68 时出现估商错误，在例（2）中，计算

389 除 68 时出现估商错误，在例（3）中，计算 174 除 68 时出现估商错误。

（2）程序性错误的原因分析

程序性错误的出现，反映出学生对算法和算理达到了一定程度的理解，但是在运算的准确性和熟练性方面存在一定的问题。以上列出的程序性错误，均说明学生不能完整、有效地完成笔算过程。此外，诸如估商错误的出现，也反映出学生在估算方面存在一定的问题。实际上，估算水平的提高，离不开熟练的笔算技能这一前提条件。因此，学生出现程序性错误，反映出教师在教学过程中对学生笔算技能熟练程度的培养方面还存在较大的提升空间。

3. 协调性错误及原因分析

（1）协调性错误的产生原因

1）眷写错误。图 16 列出了学生出现的眷写错误。

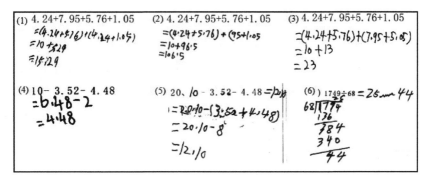

图 16　协调性错误：眷写错误

这些错误是学生在书写计算过程中将运算对象写错从而导致的错误。例如，在例（1）中，学生将 7.95 写成 4.24，例（2）中，学生将 7.95 眷写成 95，在例（3）中，学生将 1.05 写成 5.05。

2）遗漏错误。图 17 列出了学生出现的遗漏错误。

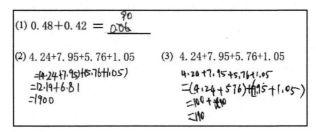

图 17　协调性错误：遗漏错误

这些错误是学生在书写计算过程中遗漏了小数点或者某一个数字，从而导致的错误。例如，例（1）、例（2）、例（3）均出现了遗漏小数点的错误。

3）其他部分错误。图 18 列出了学生出现的部分错误。

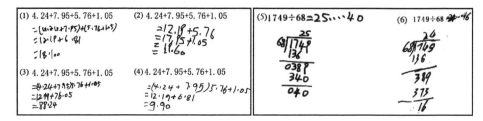

图 18   协调性错误：其他部分错误

在图 18 的例（1）中，在计算 4.24+7.95 与 5.76+1.05 时都是正确的，而在计算 12.19+6.81 时出现错误。

（2）协调性错误的原因分析

学生出现协调性错误，主要的原因可能是学生平时书写运算过程不规范，尤其是在面对较多或者较大数字的运算问题时更是如此。这种情况出现的原因通常被归结成学生"粗心马虎"。但是以往的研究也指出，这些错误出现也可能是因为学生对运算法则进行了机械的记忆，从而导致自己无法察觉到出现的错误[10]。

四、结论与讨论

通过分析 660 名阿克苏地区四年级学生在大规模测评中的计算作答情况，我们发现，南疆四年级小学生数学计算方面的主要障碍是缺乏对运算对象和算理算法的充分理解，计算错误的主要类型是概念性错误，而非简单的马虎等原因导致的。这反映出学生对数学运算对象、算法算理缺乏充分的认识和理解。

算法和算理的理解一直以来都是小学数学教学的重点和难点，南疆小学生在这方面存在障碍也在情理之中。但是笔者发现，南疆四年级小学生所犯概念性错误中出现大量的混淆运算符号（如将加法按照减法进行计算或者将乘法按照加法计算）、不理解小数概念（忽视小数中的小数点，将小数看成两个整数进行计算）、混合运算中运算顺序混乱等问题，这反映出很多学生的数学学习在一定程度上存在低效性问题。考虑到参加测试的小学生处于四年级期末阶段，可以预想这些学生在升入五年级甚至初中时，运算方面的问题会严重影响他们对数学学科其他模块的学习，这也是令人担忧的问题。

以上问题出现的原因可以归结为两方面。第一，南疆地区的教学水平有待提升。笔者发现的学生在运算中出现的概念性错误和程序性错误，反映出数学教学未能帮助学生充分理解相应的算理、算法，未能帮助学生有效地提升数学运算的熟练性与准确性。本次研究样本中的大部分学生使用汉语进行数学学习，也有部分学生使用母语进行数学学习。但是，从研究结果来看，两类学生出现的计算错误都反映出了当地教学水平的有限和师资力量的薄弱。这与以往研究者的观点相同，均表明南疆地区学生学业成绩的提高，离不开师资力量的改善[11]。

第二，教学语言、学生母语不一致现象引起的数学学习与理解障碍。学生的母语与教学语言不一致，导致学生在数学学习过程中面临一定的语言理解障碍。在南疆地区，除了小部分学生使用母语学习数学知识外，大部分学生都在使用汉语教材并且课上使用汉语学习数学。在使用汉语学习数学的过程中，南疆地区的小学生既要应对非母语授课的问题，又要掌握数学学习中的重难点知识，使得南疆地区的小学生在数学学习中面临着双重挑战。

深入分析南疆地区四年级小学生的运算错误，可以发现南疆地区小学数学教学中存在较大的问题。南疆地区维吾尔族人口比例高达 87%[12]，维吾尔族儿童的母语并非汉语，但是随着新疆推行双语教学并突出汉语教学，绝大部分维吾尔族小学生都在使用汉语学习数学知识。因此，后续研究应该从双语教学的视角出发，分析南疆地区小学数学教学中存在的问题，有效地利用学生出现的困难与错误，深入分析学生的想法并诊断具体问题所在，进而有针对性地开展南疆地区小学双语数学教师的培训，提高南疆地区数学教学的整体水平。

参考文献

[1] 中华人民共和国教育部. 义务教育数学课程标准（2011 年版）[S]. 北京：北京师范大学出版社，2012：6.
[2] 王巍. 小学生数学错误的类型及对策[J]. 课程·教材·教法，2014（7）：83-86.
[3] 孙兴华，马云鹏. 小学数学教师如何处理学生计算错误的研究——以两位数乘两位数为例[J]. 数学教育学报，2016（5）：38-44.
[4] 张树东. 小学生计算错误的原因分析及对策[J]. 教育研究与实验，2006（5）：53-58.

［5］阿力木·阿不力克木. 影响新疆维吾尔族中小学生数学成绩的内在因素研究[J]. 民族教育研究，2011（6）：29-31.

［6］阿布地莎，阿依丁，木尼拉. 新疆伊犁地区哈维"实验班"数学教学调查研究[J]. 数学教育学报，2007（1）：59-62.

［7］教育部民族教育发展中心，新疆维吾尔自治区双语教育质量监测评价中心. 新疆双语教育质量监测报告 2016（小学阶段）[R]. 2016-11.

［8］刘加霞. 小学数学有效学习评价[M]. 北京：北京师范大学出版社，2015：34-35.

［9］伍鸿熙. 数学家讲解小学数学[M]. 赵洁，林开亮译. 北京：北京大学出版社，2015：32-40.

［10］张丹. 小学数学教学策略[M]. 北京：北京师范大学出版社，2015：61-62.

［11］何伟，孙晓天，贾旭杰. 关于民族地区数学双语教学问题的研究与思考[J]. 数学教育学报，2013（6）：16-19.

［12］阿克苏行政公署. 阿克苏地区概况[EB/OL]. http://www.aks.gov.cn/zjaks/xsgk/ aksdqgk/ index.html .

（本文发表于《数学教育学报》2020 年第 1 期）

新课程改革背景下藏族地区高中数学课堂教学改革的思考

梁 芳

在研究文献和调研的基础上，针对当前藏族地区数学新课程实施中高中课堂教学存在的一些问题，本文从更新教学理念的办法、调动学生学习兴趣的策略、拓宽教师业务知识学习的通道三方面提出建议。

一、问题的提出

高中新课程改革从 2010 年开始在藏族地区（西藏、四川、甘肃、青海）实施，目前已经有了 2010 级的新一届高中毕业生。表 1 是 2011—2013 年考入中央民族大学理学院一年级新生藏族地区生源的高考数学（不是统考而是参加考生所在省的高考）平均、最低和最高成绩（高考数学总成绩满分是 150 分），显然整体成绩偏低，这表明藏族地区高中生的数学基础比较薄弱。

表 1 2011—2013 年考入中央民族大学理学院一年级新生藏族地区生源的高考数学成绩

年级	平均分	最低分	最高分
2011 级	62	44	81
2012 级	58	32	89
2013 级	72	44	100

影响学生成绩的因素有多个方面，但课堂教学是最重要的一个因素。对于藏族地区高中数学课堂教学的现状和改革途径，已经有许多研究者从多个角

度给予了关注，并给出了诸多建议。研究表明，中学阶段的数学学习经历对于从中学到大学的过渡起着非常重要的作用[1]。笔者多年在藏族班授课，发现学生从中学带来的学习方式一直在影响着其大学的学习。因此，笔者从自身的角度出发，反观当地数学课堂教学，为寻求改善藏族地区数学课堂教学的改革途径提供思路。

二、藏族地区数学课堂教学中存在的问题

数学课堂教学是师生相互作用的一个复杂系统，影响这个系统的因素有很多，诸如教师的教学理念、课本、教师的专业知识、教学资料、学生的学习行为及学生对自己的期望等。结合教授大学一年级藏族班本科生发现的学生的学习特点以及通过调研获得的相关资料，本文将着重从以下三个角度分析藏族地区高中数学课堂教学中存在的问题。

（一）教师的教学理念陈旧

教学理念是人们对教学和学习活动内在规律的认识。越来越多的教育者认识到了教学理念对于课堂教学的重要性。教师对数学是什么和应该怎样被表征的观念会影响他们对学生解答问题的评价，这意味着教师对学生解答问题的评价能体现出他们对数学的认识，从而影响学生对数学的理解和学习[2]。

1. 对数学学科本质的认识限于逻辑演绎体系

对数学学科的不同认识会对数学及数学教育的发展产生一定的影响[3]。藏族地区一些数学教师对于数学的认识限于传统层面，认为数学研究的是现实世界的空间形式和数量关系，是关于符号和程序的逻辑演绎推理，因此在数学课堂教学中忽视了数学知识的来龙去脉、忽视了数学中体现的数学思想、忽视了数学概念的形成过程等。一些国内外研究指出，语言、心理、生存环境、习惯、家庭文化等是影响数学学习的重要因素，但是藏族地区一些教师对于当前将数学置于文化背景下的教学理念很难理解。

2. 对教学方式的认识限于讲授

正是基于数学是逻辑演绎体系的传统认识，教师对于新课程中强调的"数学课程内容的组织与呈现应该重视过程"不是很理解；教师习惯把概念告

诉学生，而很少提及概念的形成过程；教师习惯把逻辑规则告诉学生，而不讲解规则的意义；教师习惯把练习题提供给学生，而不引导学生去思考；等等。也就是说，教师总是习惯让学生去模仿自己在课堂上讲授的知识，而不注重启发、引导学生思考。对于"为什么这样做""为什么那样算"常常无计可施，结果告诉学生"只能这样做""只能那样算"，因此这样的课堂教学方式还是以讲授为主的。

3. 对师生关系的认识限于教师完全主导

基于以上两点认识，课堂就完全由教师控制，而非新课程中强调的数学教学中学生是学习的主体，教师是学习的组织者、引导者与合作者。为了提高升学率，教师在课堂上始终是按照自己的教学逻辑设计教学过程，没有充分考虑学生的实际，这样就形成了学生被动学习的局面。这一点无论是在大学课堂上还是中学课堂上都很明显：无论是在什么样的课堂上，学生总是表现出内向、被动的特点，当老师提问的时候，很少有学生能够主动积极地参与，与其在课下能歌善舞、幽默开朗判若两人。

（二）学生的学习兴趣不高

兴趣是最好的老师。但是，笔者在调研中发现，由于种种原因，藏族学生学习数学的兴趣不是很浓厚，主要原因包括以下几个方面

其一，语言问题的困扰。藏族地区学生的母语是藏语，所以在汉语教学的数学课堂上就呈现出学生难学、老师难教的局面。事实上，一些学生的数学基础不是很好，结果从小学到初中再到高中，虽然在情感上也喜欢数学，但是现实中在学习数学方面没有自信，学习数学的积极性受到了很大的影响。有研究者指出，随着年龄的增长，民族地区的学生与数学在逐渐疏离。关于为什么会产生这种疏离，"不喜欢"是主要原因[4]。

其二，数学与学生的生活实际太远。东西部地区人们的生活实际差异很大，而教材主要是以东部地区的孩子为教学对象编写的，并以汉语教学环境为基本参照系，囊括的范围不够全面，所以教材中不仅未能反映西部地区学生的学习需要、学习方式、学习策略，而且教材中选取的素材与西部地区的生活环境存在一定的差异，难免会导致学生的学习兴趣降低。

其三，数学课程难度大。有研究者指出，课程难易程度是影响民族地区课程发展的关键因素[5]。由于历史原因，藏族地区学生的学习基础比较薄弱，

而统一的课程标准很难兼顾所有地区的差异。民族地区学生觉得数学很难学，教师觉得数学很难教，学生觉得学习数学没有成就感，进而导致他们对数学学习的信心不足、兴趣不高。

（三）教师的专业知识不够扎实

在谈及藏族地区教师的专业知识时，我们不得不关注这样一个现象，即在藏族地区的初中数学教师中，一些教师是非数学专业毕业，而高中的情况虽然好一些，可是其授课情况也不容乐观。在调研中，我们发现有藏语言专业、声乐专业毕业的教师在教数学，而这些教师的业务知识存在一定的欠缺。这些教师对数学知识本身的了解和掌握不够，所以要求他们根据数学课堂教学内容选择合适的教学方法、教学素材就更难了。

笔者通过调研发现，藏族地区一些数学教师的数学专业知识欠缺。一些教师认为自己在掌握教学大纲、教材内容、设计提问、讲解概念、概括规律方面有困难。作为一名数学教师，除了要掌握数学专业知识外，还要具备教育学、心理学等知识[6]，而藏族地区的一些数学教师对于与数学学科、数学教学相关的知识，如数学史、教育学、心理学等的了解不够深入，所以在用这些理论指导教学实践方面存在一定的困难。

三、改进课堂教学的建议

（一）更新教学理念

教师教学理念的形成受文化、历史和社会等因素的影响，其改变也非一朝一夕，基于前面提出的问题，在改进课堂教学方面，本文给出如下建议。

1. 修正对数学的认识

数学既是传统的逻辑演绎体系，也是人类文化的一部分。正确理解数学、数学的价值以及数学课程的教育功能至关重要。虽然数学研究的对象是现实世界的数量关系和空间形式，而且现代数学也已经发展成为一个相对严谨的演绎体系，但是教师不能像数学家表述其工作成果那样把那个严谨的演绎体系按部就班地传授给学生，在教学中要适当引导和帮助学生去体验数学中的概念、规则、方法等的再创造过程，体验其作为文化活动的形成过程。只有这样，才能使学生感受到数学是活生生的而非死板的、远离世俗的，才能真正体现数学在培养公民中的作用。在访谈中，教师特别希望能够有比较具体的案例，帮助他们理解新课程中的数学内容。

2. 丰富教学方式

要想改进学生的学习，教师必须采用合适的教学方法。在数学课堂教学中，到底应该选取哪种教学方式，并无定论。著名的数学家、数学教育家弗赖登塔尔在《作为教育任务的数学》一书中谈及教学时，指出他特别反对纯粹由内容决定的教学，以及所有的教条主义观点，因为它们忽视了数学教学的心理学前提及社会内涵[7]。所以，为了能够在教学中合理地选取教学方式，对于教师而言，不管是自己学习还是参加培训，首先需要弄清当前在数学课堂教学中有哪些常用的教学方法，如讲授式、启发式、探究式等，然后再对每一种教学方式的基本功能、基本形式以及优势、劣势等进行分析。只有对各种教学方式有了充分的理解，才能够进一步结合藏族地区学生的生活背景、学习心理、思维特点以及每节课的讲授内容有针对性地选取合理的教学方式，遵循学生的可接受性，灵活运用各种教学手段，从而调动学生学习数学的兴趣，使学生养成独立思考的习惯和能力。教学有法而无定法，运用之妙存乎于心。

对于藏族地区的教师来说，在了解了各种教学方式后，一个重要的问题是敢于大胆地尝试。比如，在调研时，我们就看到有一名数学教师在坚持使用探究式教学方式，并取得了良好的教学效果。访谈时，这名教师说，开始时学生很不适应，但是不断尝试，还是坚持下来了。现在她带的班的学生的课堂表现、考试成绩，以及我们在调研中对其进行的学业测试成绩都明显高于其他班级。当然，采用这样的教学方式对教师而言也是一种挑战，因此学校也要积极鼓励教师进行尝试，为愿意做出各种尝试和努力的教师提供相应的条件。

3. 让学生成为学习的主体

学校教育的本质是让学生得到全面的发展，新课程改革正是契合了这样一种要求，进而提出了由"知识为本"转向"育人为本"的理念。"育人为本"就是要强调以学生为主体，在课堂上要求教师要有意识地给学生一定的时间和空间去思考、探究，而不是仅仅想着完成自己的教学任务，要致力于打造由教师引导、组织而非控制的课堂。为了把时间和空间还给学生，就要求教师用心设计课堂提问，关注学生在课堂上的反馈，鼓励学生提出各种质疑，从而真正调动学生主动参与，体现学生的主体性。

（二）调动学生的学习兴趣

1. 加强初高中数学知识的衔接

在调研中，教师普遍反映学生的初中数学基础很薄弱，这是影响高中学生数学成绩的一个原因。只有前面的基础稳固了，后面的学习才会顺畅。如果基础不牢，每一步都会遇到问题，从而会严重地影响学生学习数学的积极性。因此，笔者建议在高一年级，教师一定要安排出一定的课时，对高中需要用到的初中数学内容进行整理、复习。具体讲解哪些内容，还需要教师进一步研究。

2. 课堂教学中适当增加相关的数学史内容，融入藏族地区相关知识

数学作为人类活动的一部分，其发展始终受到文化传统、社会发展的影响。因此，在数学课堂教学中，教师可以通过各种方法让学生认识到数学不是离我们很远的存在于象牙塔中的逻辑演绎系统，而是与我们的生活息息相关的一种活动，它会影响我们的生活、促进社会的进步。

要让学生知道，数学并非我们在课本上看到的那样全部是数学运算、数学推理，随着社会的发展，数学内部需要逐渐形成逻辑相对严密的体系，在这背后有着很多充满人情味的故事。例如，函数概念历经300多年的锤炼和变革才形成了现在的定义，这也并不意味着函数概念发展的历史终结；据说无理数的发现还导致希帕苏斯因泄露秘密而被抛进大海[8]；牛顿和莱布尼茨因为发明微积分优先权的争论还导致英国和欧洲大陆的数学家停止了思想交换[9]。这些历史会让学生觉得数学中不完全是抽象的东西，从感性上升到理性是一个渐进的过程。

目前，藏族地区的教材是全国统编教材（即教科书）的直译，教材中的一些内容是藏族地区的孩子和教师不熟悉的。本来数学的抽象性就让学生觉得数学难学，这些材料就更加剧了学生对于数学的畏惧感。一直以来，我们没有重视具有少数民族文化特点的教材的研制开发工作，延续着汉文教科书的直接翻译形式[10]。因此，笔者建议藏族地区的学校、教研部门及其他教育相关部门应该切实创造条件，充实教师、学生熟悉的与藏族地区生活有关的数学教材及乡土知识材料，从而使藏族地区学生认识到数学是基于生活又高于生活的，数学除了能够训练逻辑思维、应对高考之外，还能启迪人的思想。毫无疑问，学习这些乡土知识，在教学中不仅会增强学生的民族自豪感，而且会激发他们

学习数学的兴趣。

（三）拓宽教师学习业务知识的通道

教师的业务知识包括很多方面，诸如学科知识、教育科研能力、学科素质、教学方法、组织课堂的能力等。对于如何拓宽教师学习业务知识的通道，本文提出如下对策。

其一，数学专业教师首先要做到的是充分理解所要教授的数学知识。这看起来好像是一件很容易的事情，实则不然。什么是数学知识呢？按照传统的教学大纲的定义，数学知识就是基础知识和基本技能，而如今的数学知识还包括在课堂上让学生感悟数学的基本思想，积累数学思维活动和实践的基本经验。基础知识和基本技能是很清晰的、容易说得清楚的，是相对容易把握的，然而基本思想和基本经验却隐藏在知识和技能背后，需要学生在长期参与数学活动的过程中感悟。

其二，教师要有良好的组织课堂的能力。大量的研究文献表明，教育改革的成败在于教师是否领会了改革者的意图，是否能在教学中真正地把这种意图贯彻下去，这就对教师在课堂上的组织能力提出了一定的要求。对于当前的新课程改革而言，不管是哪个学科，"育人为本"都是其核心。为了达到这一目的，教师就需要了解基于文化差异论的学习方式、学习需要与学习策略。20世纪 70 年代发展起来的民族数学的研究表明，在数学课堂教学中，不同文化背景下的价值体系、学习方式、交际方式都影响着学生的数学学习，让少数民族儿童置身于民族数学活动；是一种发展有意义的数学学习方式和数学理解的富有成效的方法[11]。因此，教师对专业知识的学习，不仅包括原来的数学学科知识，还包括教育学、心理学、教育人类学等学科知识，这些知识对于组织课堂、提高学生学习的积极性、调动学生的主体性等都有着系统的、积极的影响。

教师如何实现对这些专业知识的学习？有学者认为除了自己不断学习外，案例教学是改进教学的最有效的一种教学方式。实践和研究表明，案例讨论有助于参与者架起理论与实践之间的桥梁，审视自己对典型的教学困境的态度，并在真正的课堂情境中寻找、确立和检验新的教学原则。概括地说，案例和案例讨论能够提高教师的教学理解和判断能力[12]。因此，为了快速贯彻新课程的理念，增加教师的业务知识，笔者建议有关专家撷取数学新课程教材中的部分内容，开展有针对性的、灵活多样的案例教学培训，藏族地区教师需要这样的实践教学案例。

教学是一个复杂的系统，它不仅涉及教师的教，更重要的是涉及学生的学，所以从教师的角度考察教学的改进只是一个方面，其他视角下的教学改进策略还有待研究者进一步探索。

参考文献

[1] de Guzman M，Hodgson B R，Robert A，et al. Difficulties in the passage from secondary to tertiary education [J]. Documenta Mathematica. Extra Volume ICM，1998：747-762.

[2] 蔡金法. 中美学生数学学习的系列实证研究——他山之石，何以攻玉[M]. 北京：教育科学出版社，2007：201.

[3] 林夏水. 数学观对数学及其教育的影响[J]. 数学教育学报，2007（4）：1-4.

[4] 何伟，孙晓天. 从学生与教师的角度看我国民族地区数学课程的现状与发展[C]. 首届华人数学教育会议论文集. 北京：北京师范大学，2014.05.22—2014.05.23.

[5] 贾旭杰，孙晓天，何伟. 关于民族地区数学课程难度问题的研究与思考[J]. 数学教育学报，2013（2）：33-36.

[6] 代钦，李春兰. 对中国数学教育的历史和发展之若干问题的理性思考——对张奠宙先生的访谈录[J]. 数学教育学报，2012（1）：21-25.

[7] 弗赖登塔尔. 作为教育任务的数学[M]. 陈昌平，唐瑞芬等编译. 上海：上海教育出版社，1995：146.

[8] H. 伊夫斯. 数学史上的里程碑[M]. 欧阳绛，戴中器，赵卫江等译. 北京：北京科学技术出版社，1990：20.

[9] M. 克莱因. 古今数学思想（第二册）[M]. 北京大学数学系数学史翻译组译. 上海：上海科学技术出版社，1979：94.

[10] 代钦. 多元文化形态下的中国数学教育——对中国少数民族数学教育的一些思考[J]. 数学教育学报，2013（2）：1-4.

[11] 刘超，张茜，陆书环. 基于民族数学的少数民族数学教育探析[J]. 数学教育学报，2012（5）：49-52.

[12] Merseth K K. 教学的窗口：中学数学教学案例集[C]. 鲍建生等译. 上海；上海教育出版社，2001：7.

（本文发表于《民族教育研究》2015 年第 4 期）

民族地区数学教师课堂教学语言的现状

梁　芳　宋佰玲　杨鹏宇

本文选取甘肃、四川、贵州、内蒙古、广西、新疆6个省（自治区）义务教育阶段数学教师课堂录像各两节作为研究对象，分析发现：①民族地区数学教师的提问性语言占各类课堂教学语言的50%以上，其次是反馈性语言、讲解性语言、过渡性语言，激励性语言、启发性语言、命令性语言、比喻性语言，总结性语言占比较低；②民族地区数学教师的课堂提问以识记性提问、理解性提问和机械式提问为主，推理性提问占比很低，创造性提问基本没有；③民族地区数学课堂中教师话语量占课堂总话语量的86%，学生话语量偏少。笔者建议民族地区数学教师讲授性语言宜少而精，并增加高认知提问及激励性语言、启发性语言，适当增加学生的课堂话语权，以此激发学生的数学学习兴趣，培养其积极的数学情感。

一、问题的提出

如何提高民族地区义务教育阶段的数学教育质量，是新一轮课程改革关注的问题之一。本文将从教学语言视角切入来探讨这一问题。教学语言是师生双方以课堂为平台进行教与学双向互动的工作言语。关于课堂教学的理念，《义务教育数学课程标准（2011年版）》指出："课堂教学应激发学生兴趣，调动学生积极性，引发学生的数学思考，鼓励学生的创造性思维。"[1]这都需要通过教师的课堂教学语言来实现。

2011年，中央民族大学少数民族数学教育团队在少数民族地区深入调研发现，少数民族地区中学阶段的数学教育质量与内地相比存在差距。究其原因有很多方面，教师的教学语言无疑是一个重要的影响因素。因此，本文主要考察少数民族地区数学课堂中教师使用教学语言的现状，分析其教学语言的优点，以及需要改进之处，并提出改进的路径。

二、研究对象和方法

（一）研究对象

本文的研究对象为团队调研的甘肃、四川、贵州、内蒙古、广西、新疆6个省（自治区）义务教育阶段的数学教师课堂录像，每个省（自治区）各选取两堂课，选取的原则如下：①时长约40分钟的完整课堂；②上课内容尽量不同；③涵盖各种类型的课（新授课、复习课、习题课）；④中小学各一半（不针对某一年级）；⑤城乡学校各一半。

（二）研究方法

本文采用录像分析法，首先将选取的少数民族地区数学教师课堂教学的录像转录成文本，然后对文本进行编码，接着对编码进行数据分析，最后得出结论。

三、数学教师课堂教学语言现状分析

（一）课堂教学语言的分类

本文主要借鉴了应用比较广泛的、权威的4种课堂教学语言的分类，具体如下：①弗赖德斯的师生互动语言分类；②第三次国际数学与科学研究关于师生语言互动的分类[2]；③北京师范大学曹一鸣教授在《数学教学论》中对数学课堂教学语言的分类[3]；④杭州师范大学叶立军教授在其博士论文《数学教师课堂教学行为比较研究》中对数学教师课堂教学语言的分类[4]。在上述观点的基础上，结合民族地区数学课堂教学的特点，本文最终确定了表1的数学教师课堂教学语言分类。

表1　数学教师课堂教学语言分类

语言类型	解释
讲解性语言	对概念、定义中学生不能理解的事实的解释，或是对概念的形成过程、问题的证明思路、学习的重要性等的阐述语言
反馈性语言	教师用来接纳或澄清学生态度、表达自己情感的不具威胁性的语言，如"能够相互重合是S1说的，与S2说的一模一样，这也就是我们所说的对称"
提问性语言	根据课堂中的实际情况，向学生提出问题、期待学生回答的语言
激励性语言	对学生的回答等行为进行赞赏或鼓励的语言
启发性语言	教师在学生回答问题的基础上，对学生的想法和意见进行适当扩展，或者当学生一时不理解、回答不出教师的提问时，教师通过转换表述方式给予一定的启示，使学生能够逐步理解。如果教师更多地表达了自己的观点，应该将其划归为讲解性语言
命令性语言	命令或要求学生做某事的语言
过渡性语言	连接课堂各个环节的语言，通常与数学知识无关，无法归入其他语言类型，如"做完的请举手""完成没有"等
比喻性语言	对于难以理解的概念、题目、思想方法等，通过浅显的比喻解释其中的真谛。比喻的事情应该是学生感兴趣的，与学生的生活、经验越接近越好
总结性语言	对一部分学习内容或一节课的总结，也可以是对某个问题或关键之处进行总结或强调的语言

（二）课堂录像中教学语言的分析

笔者通过将少数民族地区的数学课堂录像转录成文本，并以教师每说一句完整的话作为一个单位，按照上述的语言分类方法编码教师的教学语言，得到表2；用每一类型语言的次数除各类型语言的总次数，得到表3。

表2　12位教师各类语言使用次数统计　　单位：次

学校类型	讲解性语言	反馈性语言	提问性语言	激励性语言	启发性语言	命令性语言	过渡性语言	比喻性语言	总结性语言	总数
P1	44	35	228	3	3	5	7	0	1	326
P2	55	23	134	11	1	11	18	0	9	262
Q1	14	28	111	27	6	19	40	0	6	251
Q2	21	24	184	27	5	9	23	0	8	301
R1	11	20	87	7	3	5	29	0	9	171
R2	21	22	132	4	1	8	8	0	5	201
S1	19	19	70	4	0	21	28	0	4	165

续表

学校类型	讲解性语言	反馈性语言	提问性语言	激励性语言	启发性语言	命令性语言	过渡性语言	比喻性语言	总结性语言	总数
S2	28	30	131	14	0	8	16	0	14	241
T1	29	60	151	9	3	10	33	0	6	301
T2	35	48	124	9	11	0	5	1	3	236
U1	14	20	120	27	5	16	20	0	3	225
U2	20	34	116	19	3	18	8	1	8	227
平均数	26	30	132	13	3	11	20	0	6	242

注：表中的6个字母分别代表6个不同的省份，下同

表3　12位教师各类语言使用次数占总数的百分比　　单位：%

学校类型	讲解性语言	反馈性语言	提问性语言	激励性语言	启发性语言	命令性语言	过渡性语言	比喻性语言	总结性语言
P1	13.50	10.74	69.94	0.92	0.92	1.53	2.15	0.00	0.31
P2	20.99	8.78	51.15	4.20	0.38	4.20	6.87	0.00	3.44
Q1	5.58	11.16	44.22	10.76	2.39	7.57	15.94	0.00	2.39
Q2	6.98	7.97	61.13	8.97	1.66	2.99	7.64	0.00	2.66
R1	6.43	11.70	50.88	4.09	1.75	2.92	16.96	0.00	5.26
R2	10.45	10.95	65.67	1.99	0.50	3.98	3.98	0.00	2.49
S1	11.52	11.52	42.42	2.42	0.00	12.73	16.97	0.00	2.42
S2	11.62	12.45	54.36	5.81	0.00	3.32	6.64	0.00	5.81
T1	9.63	19.93	50.17	2.99	1.00	3.32	10.96	0.00	1.99
T2	14.83	20.34	52.54	3.81	4.66	0.00	2.12	0.42	1.27
U1	6.22	8.89	53.33	12.00	2.22	7.11	8.89	0.00	1.33
U2	8.81	14.98	51.10	8.37	1.32	7.93	3.52	0.44	3.52
平均数	10.55	12.45	53.91	5.53	1.40	4.80	8.55	0.07	2.74

注：因四舍五入，个别数据之和不等于100

从表3可以得到如下结论。

1）提问性语言在课堂教学语言中占主要地位，平均占课堂各类语言总数的53.91%。

2）讲解性语言在课堂教学中所占比例不低，其中最高的占课堂各类语言总数的20.99%，最低的为5.58%，平均占各类课堂语言总数的10.55%。

3）反馈性语言在课堂教学中所占比例也比较大，其中占比最高的为

20.34%，占比最低的为 7.97%。

4）激励性语言的占比很低。

5）启发性语言在民族地区数学课堂中的使用非常有限。

6）在 12 名教师中，很多教师都使用了命令性语言，占课堂各类语言总数的 4.80%左右，笔者认为还是有点高。命令性语言最好在必要的时候使用，使用过多，会使学生形成一种压抑感，从而导致其不敢表达自己的想法，同时这也与新课程中强调的教师是引导者、组织者的理念相矛盾。

7）过渡性语言占比为 8.55%。过渡性语言看似与数学知识的教学没有关系，但是如果使用得好，能调节课堂氛围，让枯燥、难懂的数学知识变得更加有趣，或者能让学生从一个环节到另一个环节的转换更加自然流畅。

8）比喻性语言占比为 0.07%，在 12 节数学课中是最少见的，只有两位数学教师在课堂中使用了比喻。使用比喻的目的是使抽象的数学概念形象、生动，当然有些比喻的使用也是为了调节课堂氛围，让学生尽可能处在一种积极的思维过程中。

9）总结性语言所占比例不高，对它的关注主要是看是否到位、合适，具体的使用细节需要进一步研究。

（三）师生问答语言的分析

通过对 12 节数学课堂录像教学语言的分析发现，教师的提问性语言占了整个课堂教学语言的大部分。从表面上看，课堂中有很多互动，但事实上是否如此呢？为此，本文对课堂教学中的提问性语言做了进一步的分析。

1. 教师提问语言的分类

叶立军根据提问的作用和学生认知水平的不同层次，将提问语言分为管理性提问、识记性提问、重复性提问、提示性提问、理解性提问、评价性提问[4]；李士锜、杨玉东将教师提问语言分为管理性提问、机械性提问、记忆性提问、解释性提问、推理性提问、批判性提问[5]；顾泠沅、周卫根据提出问题的类型将教师提问语言分为常规管理性问题、记忆性问题、推理性问题、创造性问题和批判性问题 5 类[6]。综合上述 3 种观点，笔者根据学生回答问题时思考水平的高低，将教师提问语言分为如表 4 所示的 5 种类型。

表 4　教师提问语言的分类

类型	解释
D1 机械性提问	教师在课堂提问时，只是简单地询问"对不对""是不是"，或者只要求大家一起回答很明显的问题
D2 识记性提问	教师的提问只会唤起学生对所学知识的记忆，回答时并不需要时间思考，如概念、公式、定理、性质、步骤、程序等，或只是简单的运算提问，并不需要学生理解所学的知识
D3 理解性提问	需要学生经过一定的思考，根据所学知识进行一定的归纳、总结，然后回答，并不能直接给出答案，如"中心对称和轴对称有什么相同点和异同点？""如何比较两个分母不同的分数的大小？"
D4 推理性提问	这是更高层次的提问，有一定的难度，需要学生进行深度思考与推理，所需时间较长，如"你能根据三角形面积公式推导出平行四边形的面积公式吗？"
D5 创造性提问	这类问题对教师和学生的要求都很高，是指突破传统思维定式提出的能够发散学生思维、开阔学生思路、引发学生思考的问题。创造性的提问不宜多，一节课中提一个这样的问题就很好了

根据教师提问时学生所需思考的复杂程度，我们将上述教师提问的 5 种类型分为低水平提问和高水平提问两类。其中，低水平提问包括机械性提问和识记性提问；高水平提问包括理解性提问、推理性提问和创造性提问。

2. 教师提问语言的分析

对 12 所学校的教师提问语言按照提问类型进行统计，得到了关于 5 类提问语言占总提问数量的百分比。统计数据表明，在课堂提问中，教师的提问均以识记性提问和理解性提问为主，有 25%的教师的机械性提问占 20%左右，而推理性提问所占比例很小，创造性提问基本上没有。

3. 学生回答问题的分类

要想全面地研究教师的提问，就需要对学生的相应回答进行研究。因此，对比教师提问的类型，我们将学生的回答分为如表 5 所示的 6 种（根据实际情况增加了"无回答"）类型。

表 5　学生回答分类

类型	解释
R1 无回答	教师提出问题，学生沉默、无人回应
R2 机械性回答	学生对教师的提问给予简单的回应，多数情况下是没有经过思考就直接回答的，该回答一般都十分简短，如"是""好"等
R3 识记性回答	学生通过对已有知识的回忆进行回答，基本不涉及复杂的思维，大多局限于简单的逻辑判断，这里也包括对题目已知条件的回答

续表

类型	解释
R4 理解性回答	需要学生根据所学知识和内容经过思考、判断和理解后才能作答
R5 推理性回答	学生在理解的基础之上，需要进行一定的推理，思考时间稍长，对学生的理解和运用能力有更高的要求
R6 创造性回答	学生运用已有的知识创造性地形成自己的想法、认识，进行作答

对应于教师的高水平提问和低水平提问，本文将学生的回答也分为高认知回答和低认知回答。其中，低认知回答包括无回答、机械性回答、识记性回答，高认知回答包括理解性回答、推理性回答、创造性回答。

4. 学生回答问题情况的分析

对 12 所学校的教师提问语言按照提问类型进行统计，得到了关于 5 类回答问题语言占总回答问题语言的百分比。统计结果表明，民族地区数学课堂上学生对于教师的问题很少有无答的情形，更多的是识记性回答和机械性回答，推理性回答和创造性回答所占比例很小。

对教师的提问和学生的回答的相关性运用 Excel 表进行分析发现，教师的高水平提问与学生的高认知回答是呈正相关的，所以数学教师在课堂上有必要增加高水平提问的使用量。

（四）民族地区课堂教学中的师生话语权现状

根据曹一鸣、王玉蕾、王立东设计的量表[7]，本文对 12 节数学课中教师和学生的话语量进行了统计，结果如表 6 所示。

表 6 师生话语量统计　　　　　　　　单位：字

项目	P1	P2	Q1	Q2	R1	R2	S1	S2	T1	T2	U1	U2
总数	5660	6792	6148	7871	4652	5387	3602	7758	10114	7654	4421	6520
教师	4715	6127	4776	6651	3955	4700	3003	7022	9322	7212	3707	5191
学生	1001	729	1406	1324	789	885	619	938	996	534	758	1410
师生互动	56	64	34	104	92	198	20	202	204	92	44	81

注："总数"表示整节课中师生一共说了多少字，"教师"代表教师在课堂中所说字数，"学生"代表学生在课堂中发言的总字数，"师生"代表课堂中师生共同说话的字数，因为在课堂上有时老师和学生一起回答自己提的问题，或者一起重复答案等。这里老师所说字数加上学生所说字数减去师生共同说的字数等于总数

从表 7 可以看到，教师话语量最少的占课堂总话语量的 77.7%，最多的甚至达到 94.2%，平均达到 86%，这充分说明在少数民族地区的数学教学中，教

师在课堂上占了绝对的主导地位，有的甚至是满堂灌。

表7   教师话语量占整个话语量的百分比   单位：%

P1	P2	Q1	Q2	R1	R2	S1	S2	T1	T2	U1	U2
83.3	90.2	77.7	84.5	85.0	87.2	83.4	90.5	92.2	94.2	83.8	79.6

四、结论

通过以上对少数民族地区12节数学课教学语言的量化分析，并结合笔者在民族地区调研时进行的访谈，根据《义务教育数学课程标准（2011年版）》，对民族地区数学课堂教学语言进行分析，可以发现其优点，当然也存在一些需要改进的地方。

非常值得肯定的是，民族地区的数学教师正在了解、理解新课程标准中对课堂教学提出的目标，朝着在课堂上通过师生互动而调动学生的学习积极性的方向努力。讲解性语言、提问性语言、反馈性语言、激励性语言、启发性语言分别占比10.55%、53.91%、12.45%、5.53%、1.40%，5类语言合计占总数的83.84%，表明民族地区现在的数学课堂教学已经不再完全是传统的灌输式教学了，新课程的教学理念正在影响当地教师的教育理念，数学教师尝试将接受性的教学方式与启发式的教学方式结合起来，以多样化的教学语言，准确地传授基础知识、基本技能，激发学生课堂参与的积极性。讲解性语言占比不低说明教师的主导性得到了保证，传统的接受性教学方式不可偏废。提问性语言占比较高，反馈性语言、激励性语言、启发性语言均占一定比例，学生回答问题的积极性也很高，这说明师生间有互动，启发性原则得到了体现，学生的主体性在一定程度上得到了体现。

《义务教育数学课程标准（2011年版）》提出，义务教育阶段数学课程要能培养学生的"两能""四基"数学核心素养，"两能"即"发现问题和提出问题的能力，分析问题和解决问题的能力"，"四基"是指掌握数学的基础知识、基本技能、基本思想、基本活动经验[1]。依据《义务教育数学课程标准（2011年版）》的精神，综合上述统计结果，笔者对民族地区数学课堂教学语言提出如下改进建议。

第一，教师要进一步尊重学生的主体性，进一步赋予学生话语权，适当平衡师生的话语权。教师是主导，但是教师要对自己的话语权进行约束，尊重学生的话语权，这样才能建立更加平等的师生关系，促进学生敢于、乐于提出问题及探索解决问题的方案，进而让学生真正理解数学的概念、思想和方法。

第二，讲解性语言是必要的，但是要根据学生的年龄特点、心理特点以及认知发展规律，尽量做到少而精。英国著名数学家怀特海（A. N. Whitehead）认为，课堂讲授只有"少而精"，才能教得彻底，学生才能学得明白，从而使学生产生"积极的智慧"，避免产生食而不化的"无活力概念"[8]。

第三，在加强师生互动的同时，试图通过提问的方式促进学生的思考是值得肯定的，但是所提的问题有待提炼，教师应该多提高认知水平的问题，从而引发学生的深入思考。另外，如果教师在提问时能将教材中的数学知识与当地的民俗文化、学生的日常生活经验结合起来，无疑能激发学生学习数学的兴趣。

第四，就地区而言，数学学习存在文化差异性；就学生个体而言，数学学习存在个体差异性。民族地区的数学教师要有包容精神[9]，承认并尊重民族地区的文化差异性与学生学习的差异性，在课堂上多融合当地的文化情景，增加激励性语言与启发性语言，从而让学生在积极的情感体验中学习数学、探索数学。

数学的抽象性比较强，如果教师能够在课堂上对学生的想法（哪怕不是很正确、很严谨）及时给予鼓励，会激发学生学习数学的兴趣，促使学生敢于表达自己的观点。

教师在课堂上能对学生进行适当的启发，或者可以促使学生主动积极地思考问题，或者可以引导师生和谐、友好地探讨问题，让学生在接受数学知识时没有压抑感、陌生感，能清晰地表达自己的想法，学会独立思考，这正是义务教育阶段数学课程要达到的目标。

《义务教育数学课程标准（2011年版）》针对学生数学学习有效的学习方式明确指出：认真听讲、积极思考、动手实践、自主探索、合作交流等，都是学习数学的重要方式[1]，就数学学习"情感态度"目标而言，具体阐述为：学生在数学学习中应该逐步养成良好的学习习惯[1]。无论是有效的数学学习方式的确立，还是积极的数学学习情感态度的养成，良好的课堂数学教学语言都起着关键作用。民族地区的数学教师正走在新课程改革的道路上，取得了许多进步，我们相信随着对新课程改革理念的理解不断深入，民族地区数学教师在数学课堂教学语言的使用上会有新的突破。

参考文献

[1] 中华人民共和国教育部. 义务教育数学课程标准（2011 年版）[S]. 北京：北京师范大学出版社，2012：2-3，42.

[2] 张海. 弗兰德斯互动分析系统的方法与特点[J]. 当代教育与文化，2014（2）：68-73.

[3] 廖爽，王玉蕾，曹一鸣. 数学课堂中师生对话研究——基于 LPS 项目课堂录像资料[C]//全国高等师范院校数学教育研究会 2008 年学术年会论文集. 2008：185-191.

[4] 叶立军. 数学教师课堂教学行为比较研究[D]. 南京：南京师范大学，2011：59.

[5] 李士锜，杨玉东. 教学发展进程中的进化与继承——对两节录像课的比较研究[J]. 数学教育学报，2003（3）：5-9.

[6] 顾泠沅，周卫. 课堂教学的观察与研究——学会观察[J]. 上海教育，1999（5）：14-18.

[7] 曹一鸣，王玉蕾，王立东. 中学数学课堂师生话语权的量化研究——基于 LPS 项目课堂录像资料[J]. 数学教育学报，2008（3）：1-3.

[8] 转引自：吴明海. 欧洲新教育运动的历史研究[M]. 北京：教育科学出版社，2008：217-227.

[9] 吴明海. 包容性发展与民族地区乡村教师研究[M]. 北京：中央民族大学出版社，2016：14-15.

（本文发表于《民族教育研究》2017 年第 5 期）

少数民族地区教师教学观念与教学策略研究

董连春　郎甲机

本文以西藏、青海、甘肃、四川、云南、新疆 6 个省（自治区）的共计 113 名民族地区小学数学教研员与骨干教师为研究对象，使用情境讨论法，选取学生疑问、非常规方法、学生猜想三个教学情境，引导教师阐述对每个教学情境的理解以及应对策略。研究发现：①民族地区的一些优秀教师（即教研员和骨干教师，不做统一）在教学中偏向知识视角而非学生视角；②民族地区的一些优秀教师内部在教学观念与教学策略层面存在较大的差异；③民族地区的一些教师的教学基础知识相对薄弱；④民族地区的一些教学评价方式方法相对滞后。这些问题在一定程度上制约了民族地区优秀教师教学观念的转变与教学策略的改进。为提升民族地区优秀教师队伍的整体素养，笔者建议民族地区教师培训项目宜采用分层培训的方式；民族地区教师培训内容应注重增加教师的实践性知识；民族地区应调整评价理念，加快民族地区基础教育考试改革。

一、问题的提出

基础教育课程改革要求教师对课程改革的目标、性质、内容、方法、评价等进行深刻反思和全新理解[1]。随着《中国学生发展核心素养》的发布，"关注学生发展、培养学生核心素养"成为新时代基础教育改革和教师专业发展的新趋势[2, 3]。徐斌艳指出，教师能否成为学生的理解者，是决定有效教学能否达成的关键因素[4]。马立平（L. P. Ma）指出，优秀教师能够从学生的角度来解读学生的想法，也能够在教学中采取促进学生理解的教学策略[5]。有美国学者指出，学生和数学知识是数学教学的重要组成部分[6]。因此，理解学生，并把学生的想法融入日常教学中，已经成为新时代对教师的基本要求。

民族地区中小学教师队伍的整体发展较为缓慢[7]。已有研究多从宏观视角出发分析了民族地区教师队伍建设的主要问题，如教师结构不合理、教师工作待遇较低、教师培训缺乏针对性等[8]；也有研究从教师素养角度出发，指出一些民族地区教师缺乏民族地区教育实践要求的特殊素养，包括根据民族地区学生的多样性实施教学的技能、符合民族地区学生特点的教育资源开发能力等[9]。以上研究为少数民族地区教师队伍建设提供了思路与方向，但是对教师学科教学能力的关注相对不足，对教师课堂教学实践中存在的具体问题缺乏微观的分析。

也有学者从微观视角考察了少数民族教师专业发展，例如，有研究从教师知识视角出发，分析了少数民族教师在教学知识层面存在的不足[10]。但需要指出的是，这些研究使用的研究工具为标准化测试题，虽然也涉及教师在不同教学场景下的策略选择，但是无法考察教师做出不同选择背后的具体原因，因而不能全面考察教师的教学观念与教学策略。

基于此，本文通过情境讨论的方式，考察教师在不同教学场景下对学生想法的理解和应对策略，进而分析教师不同教学策略隐含的教学观念。本文聚焦以下问题：在特定教学情境中，民族地区教师如何分析学生的想法，应该采取怎样的应对策略？

二、研究过程

（一）确定研究对象

本文选取西藏、青海、甘肃、四川、云南、新疆 6 个省（自治区）的共113 名在民族地区工作的小学数学教研员与骨干教师，覆盖"三区三州"地区包含的所有地州。在研究对象的选取上，由各地州教育局推荐当地教研员与骨干教师。其中，教研员与骨干教师分别为 42 人和 71 人；男性教师、女性教师分别为 41 人和 72 人；教龄分布在 7～15 年（45 人）和 15 年以上（68人）；职称分布在小学二级（38 人）、小学一级（39 人）、小学高级及以上（36 人）。整体上看，研究对象代表了"三区三州"各地州教研与教学的较高水平。

（二）选择研究工具

近年来，很多学者采用情境讨论法，通过具体教学情境引导教师详细阐述应对策略[11, 12]，获取更为真实和准确的信息，以免教师泛泛而谈。本文选择三个教学情境，包括学生疑问、非常规方法、学生猜想。其中，情境 1 和情境 2 是对李琼[11]的研究的改编，情境 3 是对李业平等[12]的研究的改编。这三个情境主要考察教师在教学过程中是否能够关注学生的理解，并在学生理解的基础上采取相应的教学策略。

1）情境 1：学生疑问。在小学一年级的数学课堂中，有这样一道题目：某班 13 名女孩，17 名男孩，问男孩比女孩多几名？答案是 17-13=4（名）。一名学生问："老师，男孩减女孩等于什么呀？"

2）情境 2：非常规方法。在数学课堂上，有这样一个问题：一共有 14 只水杯，打破了 6 只，还剩多少只？有一个学生回答 8 只，他是这样列算式的：6+8=14。

3）情境 3：学生猜想。在学习分数运算的过程中，一名学生提出了自己的想法：两个分数的运算，就是分子与分子进行运算，分母与分母进行运算。这名学生的想法如图 1 所示。

$$\frac{b}{a}+\frac{c}{d}=\frac{(b+c)}{(a+d)} \qquad \frac{b}{a}-\frac{c}{d}=\frac{(b-c)}{(a-d)}$$

$$\frac{b}{a}\times\frac{c}{d}=\frac{(b\times c)}{(a\times d)} \qquad \frac{b}{a}\div\frac{c}{d}=\frac{(b\div c)}{(a\div d)}$$

图 1　情境 3：学生猜想

（三）数据收集与分析

将研究对象按照 8 人一组进行随机分组，针对每个情境，主要讨论两部分内容：第一部分是如何看待学生的说法或者做法（学生理解）；第二部分是在课堂教学中如何应对学生的说法或者做法（应对策略）。每次讨论均邀请教学专家（省级教研员和特级教师）进行点评。研究人员实时记录每个小组针对教学情境的讨论与分析过程，同时记录小组展示环节中研究对象的分歧与争论。

　　在数据分析过程中，首先对每个小组的展示和自由发言环节进行转录，总结整理出研究对象对每个教学情境的思考与观点，进而对研究对象的观点进行归类与编码。为了确保编码的一致性，数据分析过程中由两位编码员对所有教师观点进行梳理和独立编码。对于编码结果不一致之处，所有编码员进行讨论与分析，最终形成一致意见。

三、结果与分析

（一）情境1：学生疑问

1. 学生理解

　　教研员与骨干教师认为，学生出现疑问的原因包括：①未理解题意；②数感不好；③对单位认知不清；④无关提问。

　　1）未理解题意（楷体字为研究对象的发言，下同）。

　　　　学生没有弄清楚题目的意思，男孩和女孩只是一个代名词，是不可能相减的，学生是从汉语的字面意思来理解的，不是从数学的角度来理解的。学生没有理解题意，如果题目问的是"男孩的人数比女孩的人数多几名"，应该就没有问题了。我们的学生的母语不是汉语，在理解题目的汉语意思时，断句出现问题，可能只看到了"女孩多几名"，在字面理解上会有一定的障碍。

　　2）数感不好。

　　　　学生存在的问题在于数感不强，不知道13代表的是女孩的人数。对于20以内的不退位减法，如果学生有疑问，说明学生的数感建立有问题，他可能都不清楚17与13的大小关系，因此涉及减法时就会有疑问。

　　3）对单位认知不清。

　　　　单位相同的可以相加减，单位不同的就不可以相加减。比如，3张桌子和2个人，就不能相加减。这里男孩与女孩的单位都是"名"，所以可以相加减，学生没有理解到这个层面，所以才会提出疑问。

4）无关提问。

学生可能已经理解了这个问题，也知道如何去计算，但是他就是想问一个与这一问题无关的事情，就是想知道男孩减女孩是什么。

2. 应对策略

教研员与骨干教师提出的应对策略包括：①直接否定；②重新读题；③展示计算过程；④组织讨论。

1）直接否定。

男生减女生是什么？这就像苹果减桃子，这是不能减的。

2）重新读题。

让学生把题目重新再读一遍，以更好地理解题意和问题，让学生明确17代表男生人数，13代表女生人数。

3）展示计算过程。

此策略最受关注，就是讨论中通过多种方式展示计算过程，包括直接讲解、使用教具、设计课堂活动等。

让学生比较13与17这两个数字谁大。然后进一步提问，17代表什么？13代表什么？学生清楚17与13分别代表男生人数与女生人数之后，就能明白男生人数比女生人数多多少，其实就是17比13多多少。当然，也可以通过摆小木棒的形式进行，黄色小木棒代表男生，红色小木棒代表女生，这样所有的学生都可以参与进来，而且有一个动手操作的过程。另外，还可以将班内学生作为教具，学生在讲台上一一对应站好之后，让大家思考男生多还是女生多，并算出多多少。

4）组织讨论。

把学生的疑问抛给全班学生，让全班学生帮助分析，因为儿童更理解儿童，问问其他学生是怎么想的，能否帮这名学生解决他的疑问。

3. 小结

在情境1中，学生产生疑问，主要说明学生的思维局限于具体实物而并没有形成抽象的数量关系[7]。教师在讨论中并没有提及这一本质问题，因此其应对策略缺乏针对性。具体而言，直接告知学生"男孩与女孩不能相减"、引导学生读题等策略仅仅停留在问题表层，缺乏对学生疑问的深层次分析与理解。对计算过程的过多关注则反映出教师没有意识到学生在抽象数量关系的认识与理解层面存在障碍，也表明教师在日常教学过程中过于侧重计算而相对忽视了对学生抽象思维的培养。组织学生讨论，能够促进学生之间的交流，但是一些教师不能准确地把握问题的根本，课堂讨论缺乏针对性，无法保证讨论的效果。

（二）情境2：非常规方法

1. 学生理解

针对学生的非常规方法，教师提出三种观点：①学生存在认知混淆；②学生的思维习惯存在一定的局限；③学生展现出高阶代数思维，但不符合考试规范。

1）认知混淆。

一年级的教学内容会涉及减法和加法之间的联系，以及"一图两式""一图四式"①等。这些问题要求学生列出多个算式，学生可能会误认为多个算式表达了同样的含义。在解决应用题时，学生只需列出一个算式，这时学生会对不同算式产生混淆。

2）思维习惯的局限。

学生的认知停留在数字组合上，14是由6和8组成的，所以6加8等于14；学生的思维停留在加法的运算阶段，他可能猜测到14可以分成6和8，所以很自然地就得出结果是8；学生一直用的是加法的思维。

3）展现出高阶代数思维，但不符合考试规范。

这个学生已经有了代数的思想，他在想，6加几等于14？这里面的几就是一个未知数。学生不太明确，但是他已经有了这个思想了，属于小学阶段高层次数学思维。这种解法在课堂上是对的，如果是考试或者做题时，在了解了减法的意义和运算以后，学生还这样写就是错的。这

---

① 根据同一幅图，写出两个或者四个不同的加减法算式，称为"一图两式"或"一图四式"。

样的应用题实际上非常多，即使你认可了这个学生的方法，但考试这样写又不对。这样一来，家长可能会认为老师的教学有问题。

2. 应对策略

教研员与骨干教师提出的应对策略包括：①直接纠正；②对比纠正；③提出表扬。

1）直接纠正。

要给学生讲明白，在已知总量和一个部分量，求另外一个部分量时，应该用减法，要让学生建立从条件入手的思想。我们现在有两个已知条件，14减6则是我们在已知条件的基础上得到的。如果按照学生的算式计算，8是怎么得出来的？条件中没有8，怎么能够去计算呢？我们应告诉学生，等号左边是已知条件，等号右边是问题答案。弄清楚等号的意义之后，学生在列算式时可能就不会用加法来算了，因为等号左边必须是已知条件。

2）对比纠正。

问一下全班学生，答案和这个学生一样的人有多少，进一步追问，和这个学生解题方法一样的人有多少，然后再问哪些学生的方法和这个学生不一样。肯定会有学生说14减6等于8。这时，就会出现一种争议，我们就可以让学生再次仔细地读题，然后将两种方法进行对比，从而让学生知道哪一种方法是正确的。

3）提出表扬。

我们会表扬而且肯定这个学生，因为这个学生已经有了代数的思想。我们的学生汉语不流利，学习数学时首先需要突破语言上的障碍，然后才能进行数学认知和理解。学生给出这个算式，说明他理解这个问题了，已经很不错了。

3. 小结

通过对情境2的分析，笔者发现了两方面的问题。

首先，一些教研员与骨干教师存在一定的固有偏见，同时在教学中不能为学生提供表达与讨论自己的想法的空间和机会。一些教研员和骨干教师倾向于认为学生的做法是错误的或者学生在认知上存在问题,认为应该纠正学生的做法,即不要使用加法,而是应该使用减法。部分教研员和骨干教师指出需要通过提问的方式,引导其他学生发言,在一定程度上能够为学生表达创造机会。但是,这种策略的出发点和目的仍然是纠正学生的"错误"做法,并没有认识到学生的非常规做法实际上是合理的。同时,一些教研员和骨干教师并没有让学生本人解释和论证自己的方法,在一定程度上限制了学生对自己的想法的表达和论证。

其次,虽然部分教研员和骨干教师认可学生的想法,但是由于现行的考试评价方式的束缚,仍然会纠正学生的做法。这反映出民族地区一些现行的考试评价理念与方式在一定程度上束缚了教师教学策略的改进,不仅限制了教师教学观念的转变,也限制了学生的思维,对学生的学习产生了一定的消极影响。

(三)情境3:学生猜想

1. 学生理解

教研员和骨干教师一致认为学生关于分数加减法的算法存在错误,关于分数乘法的算法没有错误。主要分歧在于分数除法的算法是否有错误,出现了三种观点:①除法完全错误;②除法仅在特殊情况下正确;③除法完全正确。

1)除法完全错误。

学生在计算时滥用或者混用一些不同的方法,把分数乘法的运算法则混用在了分数加减法以及除法里面,是学生的一种思维定式。

2)除法仅在特殊情况下正确。

除法运算成立的前提是 b 是 d 的倍数,a 是 c 的倍数。当第一个分数的分母小于第二个分数的分母的时候,学生就会发现无法进行下去。类似地,第一个分数的分子小于第二个分数的分子的时候也是一样的。

3)除法完全正确。

除法是完全行得通的,只是在小学阶段,计算形式变了一下,利用了倒数,但意义是一样的,结果也是一样的。

2. 应对策略

教研员和骨干教师给出了三种应对策略：①直接讲解正确算法；②构建认知冲突；③鼓励学生。

1）直接讲解正确算法。在涉及加减法的讲解时，教研员和骨干教师的观点集中在算法的讲解上，均没有涉及算理。

> 首先从分数的意义入手，让学生理解分数的加减法。例如，部分教研员和骨干教师提到，对于 $\frac{1}{3}+\frac{1}{5}$，首先要让学生知道两个分数的份数相同才能进行计算，也就是要进行通分，使分母相同；告诉学生，分数是把单位 1 平均分成若干部分，那么它的分母应该是一样的，所以在进行加减法时，首先要进行通分。

在讨论的过程中，只有一个小组的教研员和骨干教师提到如何让学生理解通分的必要性的问题。

> 在加减法中，我们为什么要通分？因为我们不能对长方形纸的 $\frac{1}{3}$ 和圆形纸的 $\frac{1}{2}$ 进行运算，而是需要在同一个单位 1 的基础上进行运算。我们如果只是简单地把分子和分子相加的话，则存在未将两个整体平均等分的问题。如果平均分，必须把单位化小，使得两个分数的单位一致，这样才能进行运算。

类似地，在讨论分数的除法运算时，大部教研员和骨干教师也是仅仅提及了算法，没有提及算理。

> 实际上，分数除法就是分数乘法的逆运算，就是乘它的倒数，应该是先从除数是整数的情况开始，把 $\frac{c}{d}$ 中的 d 看成 1，那么这个除数就变成了一个整数。此时，我们可以把第一个分数看成一个具体的量，如 $\frac{a}{b}$ 千克的某物体。如果进行 $\frac{a}{b}$ 除 2 的运算，就是把该物体分成两份，其中的一份是多少，即 $\frac{a}{b}$ 乘 $\frac{1}{2}$。

2）构建认知冲突。教研员与教师主要针对分数加减法给出反例，没有针对除法给出反例。

第一种是按照学生的算法计算 $\frac{1}{2}+\frac{1}{4}$，应该等于 $\frac{2}{6}$，即 $\frac{1}{3}$。然后利用学生的算法计算 $\frac{1}{3}-\frac{1}{4}$，那学生就不会计算了。

第二种是采用画图的方法，同一个线段，分别表示出 $\frac{1}{2}$ 和 $\frac{1}{3}$（图2），根据学生的算法，$\frac{1}{2}+\frac{1}{3}=\frac{2}{5}$，那么中间部分应该就是 $\frac{3}{5}$，就会出现 $\frac{3}{5}$ 比 $\frac{2}{5}$ 还要小的矛盾。

第三种是利用扇形面积的方法，因为 $\frac{1}{2}$ 占圆的一半，最后 $\frac{2}{5}$ 和 $\frac{3}{5}$ 的对比会更加明显。

第四种是举一个减法的反例，如 $\frac{4}{6}-\frac{1}{3}=\frac{3}{3}=1$，会出现最后的结果比被减数还要大的矛盾。

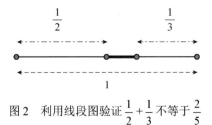

图2　利用线段图验证 $\frac{1}{2}+\frac{1}{3}$ 不等于 $\frac{2}{5}$

3）鼓励学生。部分教研员和骨干教师针对学生的具体情况指出，首先要做的不是讲解或者举例，而是要鼓励学生，以免打击学生的积极性。

我们的学生汉语说得不是很好，汉字写得也不是很好。虽然学生提出的想法中，除了乘法以外，其他三种方法都是错的，但学生主动说了，仍然要在第一时间去鼓励，不要打击他们的积极性。

3. 小结

通过对情境3的分析，笔者发现三方面的问题。

第一，研究对象在分数除法与代数运算等数学学科知识基础方面比较薄弱。实际上，$\frac{a}{b} \div \frac{c}{d} = \frac{(a \div c)}{(b \div d)}$ 不仅没有任何科学性错误，而且完全适用于小学生的理解水平[13]。例如，$\frac{2}{3} \div \frac{4}{5} = \frac{40}{60} \div \frac{4}{5} = \frac{10}{12} = \frac{5}{6}$。然而，很多教研员和骨干教师认为 $\frac{a}{b} \div \frac{c}{d} = \frac{(a \div c)}{(b \div d)}$ 是错误的，另外一部分教研员和骨干教师认为算式正确但并不符合小学生的理解水平，这些都是错误的。这些错误观点的存在，说明教师对分数运算知识本身存在错误认知，同时对学生的想法缺乏深入的理解。

第二，面对学生猜想时，不同的教研员和骨干教师在教学观念与教学策略层面呈现出较大差异。在情境3中，教研员和骨干教师在应对策略方面产生较大分歧：一部分教研员和骨干教师倾向于直接给学生讲授算法，另一部分教研员和骨干教师倾向于给出反例，引发学生的认知冲突。第一种教学思路缺乏对学生观点的进一步分析或处理，仅仅指出学生的观点不正确，并没有指出学生的观点为什么不正确，失去了从学生观点出发达成数学理解的教学机会。第二种教学思路从学生视角出发，让学生经历"猜想—验证"的思维过程，能够使学生在头脑中逐步建立"猜想—验证—反思"的思维模式，有助于学生在今后的学习中验证自己或他人的数学猜想。

两种有分歧的观点同时出现，表明教研员和教师在教学观念与教学策略层面呈现出差异，即"三区三州"地区教研队伍与教师队伍内部的差异较大，教师专业发展问题具有一定的复杂性。

第三，如何培养学生提出猜想的能力，是民族地区教师面临的一大挑战。在情境3中，部分民族地区教师提出，由于语言水平等方面的原因，民族地区学生在课堂教学中不会主动提出自己的想法，教师要对学生的主动发言进行鼓励。一方面，这反映出民族地区教师倾向于接受新课标的建构主义理念，认可学生的表达交流是促进学生数学学习的重要方式，并且期望在课堂中看到学生主动参与表达和交流。另一方面，这也反映出目前部分民族地区课堂教学中学生的表达与交流相对较少，并且教师在提高学生的课堂参与度方面面临一定的挑战。

四、讨论

教师的教学观念与教学策略反映出了教师的教学素养，并会进一步影响到教学质量[14]。本次研究通过对教师的教学观念与教学策略进行深入分析，挖掘"三区三州"地区优秀教学教研群体中存在的典型问题，发现民族地区优秀教师专业发展中面临的诸多挑战。

（一）民族地区一些教研员和骨干教师在教学中偏重知识视角而非学生视角

以往研究提出了两种不同的教学视角[15]：知识视角和学生视角。知识视角是指教师在课堂教学中更加侧重教学任务的完成，而学生视角是指教师在课堂教学中更加侧重学生的理解。本次研究发现，针对学生的想法，教研员和骨干教师的诸多观点都是向学生展示正确或者规范的方法，仅仅从规范的角度解释为什么学生的做法不可取，没有对学生的做法进行充分的讨论与分析。例如，在针对情境2的讨论中，部分教师认为，要让学生知道，从题目条件出发，等号左边是条件，等号右边是结论。在情境3的讨论中，很多教研员和骨干教师认为要直接向学生说明分数除法中，除一个分数等于乘这个分数的倒数，并没有从学生视角出发解释学生的想法为什么存在问题。

有研究指出，在民族地区教师的实际教学中，传授知识是教学的核心，获得较高的考试分数是教学的目标[16]。本次研究发现，以上问题在民族地区优秀师资群体中仍然存在，说明不能实现从"知识视角"向"学生视角"的转变是制约民族地区基础教育发展的重要因素。

（二）民族地区一些教研员和骨干教师在教学观念与教学策略层面存在较大差异

在教研员和骨干教师进行小组讨论的过程中，呈现出一些比较好的教学观念与教学策略，如组织学生讨论。与此同时，很多教师未能给予学生充分的理解和让学生表达自己的想法。例如，当学生提出"在进行分数加法时，分子加分子，分母加分母"，教师仅仅强调分母不同的分数进行加法运算时首先要通分。同时，部分教师过度依赖教材，对学生与教材中的观点不同的想法存在一定程度的偏见甚至错误理解，倾向于认为学生的想法不规范或者不正确。例如，在针对情境1的讨论过程中，部分教师认为应当直接告诉学生男孩不能减女孩；在针对情境2的讨论中，部分教师认为学生的结果虽然是正确的，但是计算过程存在问题。这些观点也充分反映出民族地区教师在教学观念与水平上存在较大程度的分化。

有研究指出，在课程改革初期，受传统教育观念的影响，很多民族地区的教师形成了一种较难扭转的巨大惯性，比如，不自觉地沿用生硬灌输、死记硬背、机械训练的传统教学方式[16]。从本文的结论可以看出，课程改革实施多年以来，以上问题仍然存在，而且一些问题出现在民族地区较为优秀的师资群体中。这说明义务教育新课程改革在民族地区的实施阻力较大，一部分优秀教师仍然坚持沿用机械的教学方式与策略，尚未完全理解或者接纳新课程改革的理念。

此外，有研究者指出，在民族地区的师资均衡化发展过程中，不能将民族地区等同于一般意义上的乡村地区，必须充分考虑到民族地区师资队伍建设的特殊性[17]。本次研究从优秀师资队伍建设的视角出发，发现民族地区优秀师资队伍水平存在较大程度的分化，凸显了民族地区教育发展过程中优秀师资水平建设的不均衡问题。因此，本次研究的结果支持了以往学者的观点，即民族地区基础教育师资均衡发展的推进，需要充分考虑民族地区的特殊性，针对民族地区教师的具体特点，关注优秀师资队伍的均衡发展。

（三）民族地区一些教研员和骨干教师的教学知识基础相对薄弱，制约了其教学观念的转变与教学策略的改进

以往研究指出，教师的教学知识水平决定了其能否准确理解课堂教学情境并选取合理的教学策略[18]。

在针对情境 1 的讨论中，一些教师无法理解学生的想法，反映出教师在数学抽象认知方面的不足。在针对情境 3 的讨论中，部分教师认为"在分数除法中，分子除分子，分母除分母"的方式是完全错误的，说明部分教师的思维仅局限于小学数学中数的运算，还不能从数学本质的角度看待代数式的变形。这说明民族地区的一些教师在教学知识层面，尤其是学科知识层面存在明显的不足。

以上研究结果与以往有关民族地区教师知识水平的研究结果相吻合。刘晓婷的研究指出，民族地区教师在学科内容知识层面的水平较低[10]。结合以往的相关研究，本次研究表明，民族地区一些教师的学科内容知识不足，已经成为制约民族地区课堂教学质量提升与学生学业发展的重要因素。

（四）民族地区的一些教学评价方式方法相对滞后，束缚了优秀教师教学策略的实施

从教师的讨论可以看出，虽然教师认可学生的某些做法，但是仍然要对其进行纠正，因为考试判卷时只认可规范的做法。例如，在针对情境2的讨论中，有教师指出，考试时用减法就是正确的，用加法就是错误的。这反映出民族地区的一些教学评价方式方法仍然相对滞后，过度强调标准答案，忽视了学生对知识的理解。这不但会影响教师在教学中对学生的不同思维方式与书写方式进行鼓励和表扬，也会进一步制约课堂教学的改革。同时，小学阶段也是学生学习兴趣发展的重要阶段，过多的束缚会限制学生思维的发展，打击学生的学习兴趣和学习动机，对其以后的学习产生负面影响。

以往研究指出，考试评价对课堂教学起着重要的导向作用[16]。如果过分强调评价的甄别与选拔功能，忽视其促进学生发展的改进和激励功能，过分关注结果而忽视过程，过于注重量化，会对教学产生不良的影响，误导教师的实际教学，挫伤学生学习的积极性。本次研究的结果表明，民族地区的一些考试评价模式严重限制了教师教学实践的发展。

五、政策建议

民族地区教师的专业发展与教学质量提升是一项系统工程，需要考虑诸多因素。基于情境讨论的研究结果，本次研究从转变培训方式、改革培训内容与调整评价理念三个层面提出如下建议。

（一）转变培训方式，采用分层培训，提高培训的针对性

教师培训是提升教师队伍整体水平的重要举措[1, 19]，但是教师培训需要考虑到教师职业发展的阶段性特点，准确把握不同发展阶段教师的培训需求[20]。因此，很多研究建议，教师培训（包括骨干教师培训）需要采用分层培训方式，针对不同阶段教师的问题和需求设计不同的培训方案[20, 21]。

本次研究发现，在民族地区内部，骨干教师与教研员的教学水平存在不均衡性。但是，目前针对骨干教师的高端培训项目普遍将民族地区骨干教师视为一个整体，培训中缺乏分层设计，忽略了培训对象之间水平相差较大的现实

状况。因此，民族地区骨干教师培训项目应避免采用完全一致的标准与方式，应预先有效地甄别骨干教师的实际水平和层次，进而设计不同层次的培训主题与内容，进行分层培训，切实提高培训的针对性与效果。

（二）改革培训内容，注重丰富培训对象的实践性知识

教学具有很强的复杂性与情境性，需要实践性知识的支撑，因此实践性知识是教师专业发展的核心知识基础[22]。但是，传统教师培训往往将学科内容知识与教学法知识割裂开来，比如，邀请数学专家单纯讲解数学学科知识，邀请教育学专家单纯讲解教育学知识。这样造成的问题之一就是培训对象无法将两类知识进行有机结合并应用于具体的教学实践。

本次研究中反映出的教师在教学过程中学生视角的缺失以及学科基础知识的不足，表明了教师的实践性知识的不足。基于此，在少数民族教师培训的内容设置上，民族地区组织培训时需要重点考虑学科内容知识与教学法知识的整合。培训专家的研究领域应该与培训对象所教学科紧密相关，同时具有丰富的教学经验。培训中应当适当降低讲座与报告的比例，增加授课观摩与专家教学点评等环节的比例，侧重培训对象在培训过程中的主动、深入参与，从而有效地保证培训过程中学科内容知识与教学法知识的整合，进而增加民族地区教师的实践性知识。

（三）调整评价理念，加快民族地区基础教育考试改革

考试评价改革是教学改革成功和教学质量提升的必要保证[23]。《义务教育数学课程标准（2011年版）》指出，学习评价的主要目的是全面了解学生学习的过程和结果，既要关注学生数学学习的结果，也要重视学习的过程，既要关注学生数学学习的水平，也要重视学生在数学活动中表现出来的情感与态度，帮助学生认识自我、建立信心[24]。随着对核心素养的重视，有研究者指出，考试评价需要以提升核心素养为指导，同时需要对评价观念进行不断调整[25]。

本次研究发现，民族地区的一些考试过于注重规范性，忽视了学生思维的灵活性与多样性，进而限制了教师教学观念的转变与教学策略的改进。因此，相关教育部门应当加快对民族地区考试的改革，摒弃传统评价观念，采取以促进教学为目的的评价方式，充分考虑学生思维的灵活性，注重考查学生对知识的理解程度，而非仅关注学生作答的规范程度[26]。这就要求相关教育部门

要加强考试评价工作，重视考试评价的相关研究，重视考试试卷的科学编制与评分标准的细化，同时需要避免诸多打击学生学习积极性的做法，例如，在考试过程中将"不规范"等同于"不正确"。

参考文献

[1] 冯苗. 新课程改革背景下教师教学观念的转变[J]. 教育科学，2003（1）：59-61.

[2] 教育部.《中国学生发展核心素养》发布[J]. 上海教育科研，2016（10）：85.

[3] 林崇德. 中国学生核心素养研究[J]. 心理与行为研究，2017（2）：145-154.

[4] 徐斌艳. 教师如何成为学生的理解者[J]. 全球教育展望，2006（3）：36-40.

[5] Ma L P. Knowing and Teaching Elementary Mathematics：Teachers' Understanding of Fundamental Mathematics in China and the United States[M]. New York：Routledge，2010：123-125.

[6] Hill H C，Ball D L，Schilling S G. Unpacking pedagogical content knowledge：Conceptualizing and measuring teachers' topic-specific knowledge of students[J]. Journal for Research in Mathematics Education，2008（4）：372-400.

[7] 马启龙，董三主，王纬. 民族地区理科教育滞后的原因、存在的问题及今后改革的出路——以甘肃省藏族地区为例[J]. 民族教育研究，2018（1）：37-43.

[8] 罗军兵. 实践取向视野下民族地区中小学教师特殊素养提升研究——基于云南省 G 县的教育考察[J]. 民族教育研究，2017（6）：103-108.

[9] 欧阳明昆，钟海青. 广西边境民族地区教师队伍建设现状与对策研究——基于三个中越边境县的实地调查[J]. 民族教育研究，2016（2）：62-67.

[10] 刘晓婷. H 省少数民族聚居区小学教师数学教学知识的诊断与思考——基于 BS 县的调查分析[J]. 民族教育研究，2017（1）：67-72.

[11] 李琼. 教师专业发展的知识基础：教学专长研究[M]. 北京：北京师范大学出版社，2009：95-97.

[12] Li Y P，Huang R J. Chinese elementary mathematics teachers' knowledge in mathematics and pedagogy for teaching：The case of fraction division[J]. ZDM-The International Journal on Mathematics Education，2008（5）：845-859.

[13] 吴登文. 从分数知识的教学看小学教师的专业素养（下）[J]. 小学教学（数学版），2011（6）：9-10.

[14] 李长吉，沈晓燕. 农村教师拥有怎样的学科知识——关于农村教师学科知识的调查[J]. 教师教育研究，2015（1）：27-32.

[15] Lamote C，Engels N. The development of student teachers' professional identity[J]. European Journal of Teacher Education，2010（1）：3-18.

[16] 杨建忠. 少数民族地区农村基础教育课程改革中的问题与对策[J]. 民族教育研究，2007（3）：43-50.

[17] 陈荟，孙振东. 民族地区基础教育均衡发展中的几个问题[J]. 教育学报，2015（4）：8-13.

[18] 刘晓婷，郭衎，曹一鸣. 教师数学教学知识对小学生数学学业成绩的影响[J]. 教师教育研究，2016（4）：42-48.

[19] 塔娜. 试论牧区双语教师职业发展现实困境及其改进策略[J]. 民族教育研究，2017（2）：99-103.

[20] 钟祖荣，张莉娜. 教师专业发展阶段的调查研究及其对职后教师教育的启示[J]. 教师教育研究，2012（6）：20-25，40.

[21] 杨秀治. 教师生涯阶段研究：标准、论域与方法[J]. 中国教育学刊，2017（7）：48-52，62.

[22] 陈向明. 实践性知识：教师专业发展的知识基础[J]. 北京大学教育评论，2003（1）：104-112.

[23] 张敏强，刘晓瑜. 中小学课程的改革与评价考试体系的完善[J]. 教育研究，2003（12）：62-65.

[24] 中华人民共和国教育部. 义务教育数学课程标准（2011年版）[S]. 北京：北京师范大学出版社，2012：3.

[25] 辛涛，姜宇. 基于核心素养的基础教育评价改革[J]. 中国教育学刊，2017（4）：12-15.

[26] 赵淼. 民族地区基础教育发展之现状、问题与对策——以贵州省三都水族自治县为例[J]. 民族教育研究，2016（6）：77-84.

（本文发表于《民族教育研究》2019年第2期）

民族地区义务教育数学课程存在的问题及对策

孙晓天 何 伟 贾旭杰

当前，与我国民族教育理论和实践研究的整体水平相比，针对民族地区、少数民族学生的数学与理科课程研究相对薄弱。因此，集中精力、加大力度开展民族地区理科基础教育课程研究，是在国家课程改革大背景下提高民族地区学校教学水平的重要抓手，是进一步提高民族教育质量的新的突破口。在提高民族地区数学和理科课程教学水平方面，有很多问题需要我们认真思考和逐步解决。

笔者对民族地区义务教育阶段的数学课程教学开展了调查研究。以新疆、甘肃、宁夏、青海、内蒙古5个省（自治区）的部分中小学为调查范围，调查对象包括维吾尔族、哈萨克族、藏族、蒙古族、回族等多个少数民族的学生。这些少数民族学生在生活方式、学习用语、思维习惯等多方面都具有鲜明的民族特点和代表性。通过调研，本文分析和总结了影响民族地区数学课程水平的主要因素，提出了改进民族地区数学教育的具体举措与建议，并尝试为国家基础教育课程政策的制定提供依据。

一、民族地区义务教育数学课程存在的问题

（一）少数民族学生语言学习的压力较大，学习负担较重

由于相当数量的少数民族学生处于特殊的语言环境之下，双语教学成为很多民族地区必须采取的教学形式。双语教学有助于学生借助母语或汉语习得知识，但是母语、汉语，再加上一门外语，这三重语言的学习使少数民族学生

的学习压力远远大于仅以汉语为教学用语的学生。本来学习基础就薄弱，再加上语言学习带来的压力，民族地区学生的学习负担可想而知。双语教学的压力对数学课程的学习有间接的影响，这种压力对学生数学学习的影响程度需要认真评估，如何缓解这种压力值得进一步探讨。

（二）教育部门对民族地区特殊语言环境下课堂教学规律与特点的认识不够深入

课堂教学是课程实施的基本载体。在民族地区，少数民族的语言、历史、文化、宗教、风俗习惯以及思维方式肯定会在课堂教学环节有所反映。目前，教育部门对民族地区特殊语言环境下课堂教学规律和特点的认识还不够深入，需要进一步探索。同时，分析民族地区数学教学的特殊性，有助于有针对性地确定教师培训的内容与方式，有效地开展数学教师培训工作。

（三）数学与理科教育薄弱，导致民族地区人才队伍结构不合理、人才匮乏

毋庸讳言，民族地区人才匮乏的问题远比沿海发达地区严重，外面的人才引不来，当地的人才流失较多，现有的人才队伍总体质量又不高。长期如此，会形成恶性循环，对民族地区稳定与发展的负面影响可想而知。所以，民族地区首先应当从提高人力资源建设水平的角度考虑促进基础教育发展的问题，注重人口素质的均衡和全面发展。

二、解决民族地区义务教育数学课程问题的对策

（一）注重培养学生解决实际问题的能力

为了了解民族地区学生的数学素养，笔者在调研中对学生进行了数学测试。测试卷并不难，没有偏题、怪题，但有一定的综合性，要求学生结合具体情境解决问题。例如，五年级的一道综合题，题目对数学素养的要求并不是很高，但文字叙述稍长，要求学生读懂题目，对解决问题的基本策略有所考虑，然后才能使用正确的公式和计算方式。并且，这道题的答案具有开放性，是一道真正有用的好题目。在北京调研的学生中，这个题目测试的平均分为53.77分，甘肃省兰州市调研学生的平均分为11.11分，甘肃省民族地区调研学生的

平均分仅为 5.97 分，大部分学生一步都没有做出来。这可能是因为学生没有读懂题目，也可能是因为学生在平时的学习中没有见到过这样的题型，所以不知道如何解答。

上述现象中隐含着一些在数学教育中需要重视和解决的重要问题。义务教育阶段要为学生未来的生活和工作做准备。虽然目前我们还不可能彻底脱离"题型教育"，学校也不可能不重视学生的应试能力和升学率，但必须清楚的是，"题型教育"、应试能力、升学率等与民族地区的经济发展水平并没有必然联系。只有让学生学到有用甚至是实用的数学，才有助于人口素质的提高，才能真正培养出有用的人才。这是因为只有学生感到"有用"，才能产生学习兴趣与求知欲，解决"真的问题"是乐学、好学的源泉，是智慧产生的基础。归根结底，民族地区的人才还是要靠民族地区自己来培养，民族地区的人口素质要靠民族地区的教育来提升。机械、重复的训练不利于学生的学习和成长，只有把发现和提出问题、分析和解决问题的环节融入数学课程中，才能真正提升民族地区学生解决实际问题的能力。

随着国家教育方针和民族政策不断得以落实，民族地区寄宿制学校的规模不断扩大，少数民族学生接受基础教育的条件不断改善，"能上学"的问题已经基本解决，"学什么""怎么学""怎么学好"的问题成为民族地区基础教育领域需要解决的重要问题。考虑到一部分少数民族学生只能完成义务教育阶段的学习，因此学校要教给学生在未来的生活和工作中能够应用的学科知识，努力引导学生全面发展。有些地区的应试教育无助于民族地区人口素质的提高，也不利于民族地区各项事业的健康发展。

（二）积极探索提高数学双语教学质量的途径

在有本民族语言文字的民族地区推广双语教学，是从促进学生长远发展角度出发做出的必然选择。在调研过程中，我们常常可以听到教师、家长对双语教学殷切的期待和善意的批评，但没有任何无端的诟病。尽管承受着汉语、本民族语言和外语的三重语言学习压力，没有一个少数民族学生对双语教学表示反感。然而，不容回避的问题是，民族地区数学教学质量整体不容乐观、学生对数学课程的适应能力较弱，均与双语教学质量较低有关。从调研过程中的座谈和听课情况看，双语教学模式给理科教学带来了不小的压力。例如，新疆某中学数学教师说："上课时，我总要想好先说什么，再说什么，脑子里也要有一个翻译的过程。一些推导、分析过程，我没法用汉语表达清楚，学生也没法理解透彻。"她的情况具有一定的代表性，说明实现语言与思维习惯之间的转换，对教师和学生来说都是一个挑战，需要一个适应的过程。

民族地区必须努力探索提高数学双语教学质量的途径，丰富双语教学的课程资源，改善双语教学环境。其中，改进数学双语教材是一个关键环节。双语兼通是双语教学的目的，但这并不意味着教学语言、教材文字的多语种并重，实现双语兼通的过程应当是对语言有所侧重，逐步实现从教学中只有一种语言向教学中有侧重的语言的过渡。就像英汉词典侧重于通过汉语帮助读者学习英语、汉英词典侧重于通过英语帮助读者学习汉语一样，数学双语教材也应当有所侧重，其侧重方向应为相对弱势的语种，即民族语熟练就侧重汉语，汉语熟练就侧重民族语。这样弱势语种才会逐渐变强，双语教学的目标才能通过学科课程的学习逐步实现。在完成过渡之后，就能实现"双语双强"，转换自如。在欧洲许多国家，多种语言通用就是这样实现的。

民族地区一些数学双语教材在这方面的处理值得商榷，主要问题是两种语言不分主次，导致学生在阅读教材时本能地只阅读用民族语表达的内容，教材中的汉语内容形同虚设，而且排版拥挤、观感较差。这样的教材对语言过渡的促进作用很小，不符合双语教学的规律，难以实现双语教学的目的。要改变数学教材双语"机械并重"的现状，就要尽量把教材内容用汉语表达清楚，把用汉语难以完全表达清楚的内容，通过民族语言解释清楚。

在完善数学双语教材的编写内容以及检验不同双语教材的有效性方面，笔者有如下建议：因小学没有中考的压力，可以考虑先在小学三、四年级开展教材实验，实验周期应不少于一学期。数学课程专家与母语为民族语且熟练掌握汉语的资深数学教师合作，按照双语教学规律，对现行的数学教材依照某种体例进行改编。改编时要使教学内容适当地方化、民族化，尽量采用民族地区学生熟悉的情境和称谓。同时以使用原有双语教材的平行教学班为对照组，开展教材使用的对比实验，根据评估结果决定新编写的教材是否值得推广、以何种方式推广。

（三）加强数学和理科教育，扭转民族地区文理科考生比例失衡的状况

民族地区文理科考生比例失衡的问题应引起足够的重视。文理科考生比

例失衡导致的结果往往是：一方面，民族地区的理科人才自有率不足；另一方面，民族地区的文科大学生过剩，导致就业困难或就业不对口。我们多次在民族地区的课堂中看到文科毕业生在教理科的现象，这显然都是无奈之举。

高等院校文理科专业设置的比例一般在 3：7～4：6，所以参加高考的文科考生与理科考生的数量也应该基本符合这个比例，只有这样才能实现学生录取权益的最大化。在我们调研到的民族地区，这个比例恰好相反。以甘肃省为例，2010—2013 年，虽然民族语言学生的高考录取率已经达到80%左右，但文理科考生之比逐年扩大，2011 年"民考民"的文理科考生比例已经达到 3.05：1，"民考汉"的文理科考生比例竟超过了 5：1。虽然有高等院校特别是民族院校专业设置方面的原因，但民族地区更要从本地的基础教育出发寻找文理科考生比例失衡的原因。寄希望于高校招生政策的倾斜，改变不了民族地区数学甚至理科课程发展相对滞后的局面。只有把民族地区数学课程的改革与发展作为重要任务来抓，民族地区文理科考生比例失衡的情况才可能从根本上改观。

在数学领域开展民族教育研究，是一个新课题，同时也是一个挑战。这是一个事关千千万万少数民族青少年福祉的问题，广大民族教育工作者应积极努力，探索促进民族地区数学教育发展的有效途径。

（本文发表于《中国民族教育》2013 年第 2 期）

西藏地区小学数学教师教学方式的现状分析

田 艳

一、引言

西藏位于我国西南边陲，所处地理位置和自然环境特殊，基础教育起步晚，而且在教师队伍、理科教学、办学条件、双语教学、教学管理等方面存在一些问题。虽然在国家和各地区的大力支持下，西藏教育的发展取得了一定的成果，但是数学教学仍然存在不足，改进教学方式势在必行。

《义务教育数学课程标准（2011 年版）》中的理念实施的关键在于教师，教师做出改变的关键在于教学理念和教学方式的改进。改进教学方式是新课程改革的必然要求，也是新形势下教育教学发展的必然趋势。根据中央民族大学少数民族数学与理科教育重点研究基地的研究结果，西藏地区学生的数学学业水平整体偏低，教师的教学方式存在一些问题。因此，提高西藏地区的数学教学质量，并对教师的教学方式进行研究至关重要。

本文依据《义务教育数学课程标准（2011 年版）》《义务教育数学课程标准（2011 年版）解读》中的数学课程基本理念和数学教学的实施建议，从教学理念、教学内容、教学活动、学习评价和信息技术五个方面构建了研究数学教学方式的框架，并编制了相应的访谈提纲。然后，对 19 位来自西藏地区的小学数学教师进行了深入访谈，并录音收集访谈资料。接着将访谈资料逐一转录、整理形成文本，并借助软件 MAXQDA 12 编码形成访谈文本数据。最后，根据数学教学方式研究框架，运用访谈分析法从教学理念、教学内容、教学活动、学习评价、信息技术五个方面细致深入地分析了西藏地区小学数学教师的教学方式存在的问题，据此提出改善西藏地区小学数学教师教学方式的策略。

二、研究框架

本次研究构建的数学教学方式的研究框架包括以下几个方面。

（一）关于教学理念的分析

《义务教育数学课程标准（2011年版）》提出：义务教育阶段数学课程的教学理念是"人人都能获得良好的数学教育"以及"不同的人在数学上得到不同的发展"[1]。因此，本次研究将"人人都能获得良好的数学教育"和"不同的人在数学上得到不同的发展"分别作为"教学理念"标准下的两个一级指标。另外，《义务教育数学课程标准（2011年版）解读》中提到，良好的数学教育应"适合学生发展，满足学生发展需求""全面实现育人目标""促进公平，注重质量""促进学生可持续发展"，因此本次研究分别将其作为"人人都能获得良好的数学教育"指标下的二级指标。义务教育阶段的数学课程既要关注"人"，也要关注"不同的人"。《义务教育数学课程标准（2011年版）解读》提到，"不同的人在数学上得到不同的发展"，即"关注学生主体地位""正视学生的差异，尊重学生的个性""尊重学生自主发展"，因此本次研究分别将其作为"不同的人在数学上得到不同的发展"指标下的二级指标。综合之后，得到数学教学方式中关于教学理念的研究框架，如表1所示。

表1　数学教学方式中关于教学理念的研究框架

标准	一级指标	二级指标
教学理念	人人都能获得良好的数学教育	适合学生发展，满足学生发展需求
		全面实现育人目标
		促进公平，注重质量
		促进学生可持续发展
	不同的人在数学上得到不同的发展	关注学生主体地位
		正视学生的差异，尊重学生的个性
		尊重学生自主发展

（二）关于教学内容的分析

《义务教育数学课程标准（2011年版）》指出，课程内容要"符合学生的认知规律……贴近学生的实际"，课程内容的组织要"重视过程""重视直观""重视直接经验"[1]。因此，本次研究将"数学课程内容的选择""数学课程内容的组织"作为"教学内容"标准下的一级指标。"数学课程内容的选择"下的二级指标依次为"符合学生的认知规律""贴近学生的实际"。"数学课程内容的组织"下的二级指标依次为"重视过程""重视直观""重视直接经验"。综合之后得到数学教学方式中关于教学内容的研究框架，如表2所示。

表2　数学教学方式中关于教学内容的研究框架

标准	一级指标	二级指标
教学内容	数学课程内容的选择	符合学生的认知规律
		贴近学生的实际
	数学课程内容的组织	重视过程
		重视直观
		重视直接经验

（三）关于教学活动的分析

《义务教育数学课程标准（2011年版）》指出，"有效的教学活动是学生学与教师教的统一，学生是学习的主体，教师是学习的组织者、引导者与合作者"[1]。因此，本次研究将"教学活动"标准下的一级指标分别设定为"教师教学""学生学习"。

该标准指出，教师教学应"面向全体学生，注重启发式和因材施教"，教师要发挥主导作用，"处理好讲授与学生自主学习的关系"[1]。因此，本次研究分别将其作为"教师教学"的二级指标。另外，该标准强调数学教学活动应"激发学生兴趣""引发学生的数学思考""培养学生良好的数学学习习惯""使学生掌握恰当的数学学习方法"。因此，本次研究分别将其作为"教师教学"指标下的二级指标。

该标准还指出，学生学习应当是"生动活泼、主动和富有个性的过程"，"认真听讲、积极思考、动手实践、自主探索、合作交流等"都是学习数学的重要方式，"学生应当有足够的时间和空间经历观察、实验、猜测、计算、推理、验证等活动过程"[1]。因此，依次将其作为"学生学习"下的二级指标。综合之后得到数学教学方式中关于教学活动的研究框架，如表3所示。

表3　数学教学方式中关于教学活动的研究框架

标准	一级指标	二级指标
教学活动	教师教学	面向全体学生，注重启发式和因材施教
		处理好讲授与学生自主学习的关系
		激发学生兴趣
		引发学生的数学思考
		培养学生良好的数学学习习惯
		使学生掌握恰当的数学学习方法
	学生学习	生动活泼、主动和富有个性的过程
		认真听讲、积极思考、动手实践、自主探索、合作交流等
		学生应当有足够的时间和空间经历观察、实验、猜测、计算、推理、验证等活动过程

（四）关于学习评价的分析

《义务教育数学课程标准（2011年版）》指出，"应建立目标多元、方法多样的评价体系"，"评价既要关注学生学习的结果，也要重视学习的过程；既要关注学生数学学习的水平，也要重视学生在数学活动中所表现出来的情感与态度"[1]。因此，本次研究将学习评价标准下的一级指标设定为"建立目标多元、方法多样的评价体系"，其下的二级指标为"关注学生学习的结果与过程""重视学生学习水平和情感态度"，从而得到数学教学方式中关于学习评价的研究框架，如表4所示。

表4　数学教学方式中关于学习评价的研究框架

标准	一级指标	二级指标
学习评价	建立目标多元、方法多样的评价体系	关注学生学习的结果与过程
		重视学生学习水平和情感态度

（五）关于信息技术的分析

《义务教育数学课程标准（2011年版）》提出："数学课程的设计与实施应根据实际情况合理地运用现代信息技术，要注意信息技术与课程内容的整合，注重实效……有效地改进教与学的方式。"[1]综合之后，本次研究将信息技术标准下的一级指标设定为"合理运用现代信息技术"，其下的二级指标依次为"合理运用，注重实效""注意信息技术与课程内容的整合""致力于有效地改进教与学的方式"。综合之后，得到了数学教学方式中关于信息技术的研究框架，如表5所示。

表5 数学教学方式中关于信息技术的研究框架

标准	一级指标	二级指标
信息技术	合理运用现代信息技术	合理运用，注重实效
		注意信息技术与课程内容的整合
		致力于有效地改进教与学的方式

综合上述对数学教学方式研究框架中关于教学理念、教学内容、教学活动、学习评价、信息技术等的分析，参考相关文献，本次研究最终构建了数学教学方式的总体研究框架，如表6所示。

表6 数学教学方式的总体研究框架

标准	一级指标	二级指标
教学理念	人人都能获得良好的数学教育	适合学生发展，满足学生发展需求
		全面实现育人目标
		促进公平，注重质量
		促进学生可持续发展
	不同的人在数学上得到不同的发展	关注学生主体地位
		正视学生的差异，尊重学生的个性
		尊重学生自主发展
教学内容	数学课程内容的选择	符合学生的认知规律
		贴近学生的实际
	数学课程内容的组织	重视过程
		重视直观
		重视直接经验
教学活动	教师教学	面向全体学生，注重启发式和因材施教
		处理好讲授与学生自主学习的关系
		激发学生兴趣

续表

标准	一级指标	二级指标
教学活动	教师教学	引发学生的数学思考
		培养学生良好的数学学习习惯
		使学生掌握恰当的数学学习方法
	学生学习	生动活泼、主动和富有个性的过程
		认真听讲、积极思考、动手实践、自主探索、合作交流等
		学生应当有足够的时间和空间经历观察、实验、猜测、计算、推理、验证等活动过程
学习评价	建立目标多元、方法多样的评价体系	关注学生学习的结果与过程
		重视学生学习水平和情感态度
信息技术	合理运用现代信息技术	合理运用，注重实效
		注意信息技术与课程内容的整合
		致力于有效地改进教与学的方式

三、研究设计与实施

（一）研究对象

本次研究的对象主要是通过教育部民族教育发展中心与中央民族大学少数民族数学与理科教育重点研究基地联合开展的"2018 年西藏及四省藏族地区小学数学教研员和骨干教师培训活动"确定的。该培训于 2018 年 10 月 19日—2018 年 10 月 28 日在浙江省杭州市开展，参与培训活动的西藏地区小学数学教师主要来自昌都、那曲、阿里等地区。根据研究主题的需要，笔者在选择访谈对象时，主要选择具有丰富教学经验的一线小学数学教师，并且访谈对象的分布地区和所教年级要相对分散，以便能够收集到更具有代表性的资料。最终，笔者选择了 19 位来自西藏地区的具有一定教学经验的小学数学教师作为访谈对象。

受访的 19 位西藏地区小学数学教师基本信息，如图 1 所示。

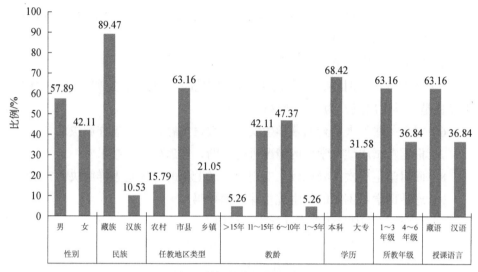

图1 教师基本信息比例图

(二) 研究工具

在本次研究中,笔者根据数学教学方式的总体研究框架一、二级指标的具体内容以及研究主题和抽样的需要,首先设计了一份关于西藏地区小学数学教师教学方式的访谈提纲。访谈提纲主要包括两个方面的内容,即受访教师的基本信息和访谈问题。受访教师的基本信息主要包括性别、民族、任教地区类型、教龄、学历、所教年级、授课语言。访谈问题主要是笔者通过查阅相关文献,从教学理念、教学内容、教学活动、学习评价、信息技术五个方面初步设计的。另外,笔者首先在江苏省常州市对15位参加培训的藏族地区数学教师进行了预访谈,根据在访谈过程中发现的问题,后续对访谈提纲进行了修改和调整。实际使用的访谈提纲如下。

1. 基本信息

基本信息主要包括教师的性别、民族、任教地区类型、教龄、学历、所教年级、授课语言。

2. 访谈问题

1)您常采用什么样的教学方式?您还尝试过别的教学方式吗?

2)您能具体描述一下实际上课的教学环节吗?您觉得哪个环节最关键?为什么?您觉得哪个环节最困难?为什么?

3）您平时上课的时候是如何组织、引导学生学习的？有小组合作讨论交流的形式吗？效果怎么样？

4）您如何确定一节课的教学目标和重难点？

5）您在备课的时候，或者是在开展课堂教学的时候，主要是从教学内容出发还是从学生出发？为什么会这样考虑？

6）对于一些不太贴合西藏学生实际的教材内容，您是怎样解决的？

7）根据考试成绩对学生的情况进行诊断，您怎样反馈结果？

8）面对学生层次差异比较大的现象，您上课的时候是怎样解决的？

9）您帮助学习困难的学生进行课后辅导吗？

10）您在教学中会注重引导学生思考吗？

11）课堂上是学生说的比较多还是教师说的比较多？

12）您有没有组织过鼓励学生提升学习自信心的一些教学活动？

13）平时课上会怎样对学生的学习进行评价？

14）您会设计一些教学活动激发学生的学习兴趣吗？

15）平时一些需要动手实践之类的数学课，您是怎样组织的？

16）平时一些比较直观的数学课，您是怎样组织的？会用教具上课吗？

17）您在上课的时候会用到哪些多媒体技术？

18）您上课的时候板书多吗？主要是什么内容？

19）您怎样让学生理解、记住知识点？

20）您怎样培养学生的数学学习习惯？

21）您觉得自己是一个具有什么风格的数学教师？

（三）数据收集

根据最终的访谈提纲，笔者对 19 位来自西藏地区的小学数学教师进行了深入访谈。在征得受访教师的同意下进行全程录音，每位老师的访谈时间为 60～100 分钟。在正式访谈之前，笔者先了解了来自西藏地区的小学数学骨干教师和教研员的基本背景信息，将在西藏地区具有一定教学经历的一线骨干教师作为访谈的预备对象。接着，笔者逐一与访谈对象进行联系、沟通交流，说明本次访谈的目的，在征得访谈对象的同意后，约定访谈的时间和地点。在访谈的过程中，笔者依据访谈提纲，引导性地对受访教师进行提问，并根据实际情况对预设的问题进行适当的解释、调整、转述或追问。

（四）数据分析

首先，笔者将访谈收集到的所有录音资料上传到"讯飞听见"转录网站形成访谈文本，因为转录工具的机械性，加上西藏地区的教师汉语表述存在不规范现象，最初的访谈文本语句不够通顺，之后笔者听着录音资料逐字逐句地对访谈文本进行整理，历时两个月最终形成 19 份访谈文本资料，每份访谈文本资料的篇幅为 15 000～25 000 字。

其次，笔者将访谈文本数据导入到 MAXQDA 12 软件中，运用提取关键字的方法对访谈文本数据进行第一步的编码。为确保初始编码的准确性、合理性，此工作由笔者和一名导师组成员共同完成。在明确编码的原理、要求和操作以后，我们对所有与本次研究相关的访谈内容独立进行编码，之后对两份初始编码进行两两一致性检验，结果显示，编码者的两两一致性比例为 89.3%，一致性较高，表明编码的方法、规则总体上是一致的，对于意见不一致之处，编码者会进行再次讨论直至达成一致意见，最终形成初始编码。之后，笔者基于数学教学方式研究框架，在一级编码的基础上对访谈文本数据进行二级编码。

最后，笔者根据每个访谈问题的二级编码结果对教师的答案进行分类制表，根据教师回答的相关情况，划分教师所属层次，计算出教师所属每一层次的百分比，继而运用统计图的形式呈现结果，有助于做进一步的分析。

由于访谈研究的特殊性，被访教师在回答相关访谈问题时可能存在一定程度的正向夸大和负向缩小倾向，笔者在访谈结果的小结分析部分会有一定程度的正向压缩和负向夸大，范围控制在 8%～10%，这也是比较合理的。

四、研究结果

（一）教师对数学教学理念的认识

1. 教师对"良好的数学教育"的认识

（1）教学风格偏严格

笔者通过问题"您觉得自己是一个具有什么风格的数学教师？"来分析教师的教学风格以及是否适合学生发展。19 位教师中有 17 位教师回答了这个问题。17.64% 的教师的教学风格"非常轻松"，他们提到了"跟学生挺亲近的"比较幽默",原因主要包括"太严肃了,学生会怕我""这样感觉学生和老师能够比较亲近"等。17.64%的教师的教学风格"比较轻松",他们提到了"不怎么严,轻松一点""上课比较自由",原因主要包括"太严肃了学生会害怕学习""课堂比较自由,学生特别想上"等。这表示以上的教师都能够认识到轻松、幽默的教学氛围是适合学生发展和学习的。但是,23.54%的教师的教学风格为"一般情况",他们提到了"觉得自己的教学风格不够好""比较和谐,但课堂不太活跃",原因主要包括"讲课比较欠缺经验、教学方法""还需要结合实践和实验在课堂上多磨砺"等,这表示以上的教师对自己的教学风格尚不清楚,有必要引起教师的重视,因为稳定的教学风格有助于综合体现教师独特的教学个性和特点。17.64%的教师的教学风格为"比较严格",他们提到了"稍微有点严厉""比较严肃",原因主要包括"不严肃的话,学生就玩起来了""自己不善于和学生沟通"等。23.54%的教师的教学风格为"非常严格",他们提到了"上课特别严格""非常严肃",原因主要包括"这样能管住学生的纪律""我们要求课堂必须要安安静静的"等,但是这样的数学学习环境很可能会使学生望而生畏,久而久之学生便会对数学学习敬而远之。正如教师反映的,"西藏地区的小孩大都比较胆小,不敢表达"。综合来看,西藏地区小学数学教师的教学风格偏严格,教学氛围有待改善。

（2）对学生学习自信心的认识有待进一步提高

笔者通过问题"您有没有组织过鼓励学生提升学习自信心的一些教学活动?"来分析教师提升学生学习信心的情况。19位教师中有17位教师回答了这个问题。35.29%的教师对提升学生自信心"认识清楚",他们提到了"口头鼓励:'你最棒!'""不按成绩给学生分三六九等,不伤害学生的自尊心""提简单问题让学生回答""在学习或生活上给予学生奖励"等教学方式。41.18%的教师对提升学生自信心"认识良好",他们提到了"课上鼓掌鼓励学生""激励学生勇于尝试""给学生发奖励"的方式。11.77%的教师对提升学生自信心"认识一般",他们只单独提到了"发奖励""鼓励学生"的方式。这表明以上教师能够认识到提升学生学习自信心的重要性。但是,5.88%的教师对提升学生自信心"认识不清楚",表示"学生自信心的培养很大层面上在于做题,做题做多了,学生会了,就有信心了"。另有5.88%的教师对提升学生自信心"没有认识",表示自己比较少地采用提升学生学习信心的教学活动,主要原因包括"要赶教学进度,都想考试成绩好,就使劲地赶课,拼命地复习、做题,做题比较重要，不是为了教课而去练题，而是为了做题而去教课"，这表明传统的教学观念和评价观念对教师的教学产生了一定的影响。综合来看，西藏地区小学数学教师对学生学习自信心的认识有待进一步提高。

（3）普遍关注学习困难学生的发展需求

笔者通过问题"您帮助学习困难的学生进行课后辅导吗？"来分析教师对学习困难学生采用的教学方式。19 位教师中有 18 位教师回答了这个问题。50%的教师对学习困难学生"非常关注"，他们提到了"帮助学生培优补弱""周末经常帮助学习困难学生学习基础知识""根据学生作业情况，需要补的就留下来补课""下课前给学习困难学生再讲一下基础知识""课下到教师办公室补一下""晚自习的时候帮助学生辅导"等教学方式，原因主要包括"不补的话，成绩赶不上，必须要补""补一下，学生下一次能够跟得上"。33.33%的教师对学习困难学生"比较关注"，他们只单独提到了"课后稍微帮学生补一下""周末给学生辅导一下"。11.11%的教师对学习困难学生关注"一般"，他们提到"偶尔会帮助学习困难学生辅导"，原因主要包括"太忙的时候顾不过来""学生家长不够支持"等。这表明以上教师能够关注到学习困难学生，辅导的过程中起点低、重基础、适当地重复讲解，满足了学习困难学生的发展需求。5.56%的教师对学习困难学生"比较不关注"，表示没有对学习困难学生进行过课后辅导，原因主要是"班级里面有学习好的学生帮扶学习困难学生"。发动优秀学生关心、帮助学习困难学生，也是做好学习困难学生教育的十分有效的策略[3]，但教师也应该给予适当的关注。综合来看，西藏地区小学数学教师普遍关注学习困难学生的发展需求。

2. 教师对"不同的人在数学上得到不同的发展"的认识

（1）学生的主体地位没有得到明显体现

笔者通过问题"课堂上是学生说的比较多还是教师说的比较多？"来分析教师是否关注学生的主体地位。19 位教师中有 12 位教师回答了这个问题。16.67%的教师在教学中"非常关注"学生的主体地位，他们提到了"让学生主动探索""小组讨论""启发学生思维"等教学方式，原因主要包括"新课程改革的要求""学生是主体，教师只是引导者和合作者""教师必须要以新课标为主"等。25.00%的教师在教学中"比较关注"学生的主体地位，他们仅提到了"让学生探究、发现、讨论"等教学方式。这表示以上的教师能够做到关注学生的主体地位。但是，这些老师也表示"目前仍有一些不适应""还不能完全引导学生探索""不能完全让学生进行小组讨论"等。33.33%的教师在教学中对学生的主体地位"关注一般",他们提到了"主要是讲授,偶尔让学生讨论""偶尔运用探究式教学"的教学方式,原因主要包括"学生的探究意识不强""教师没有注重培养学生探究的习惯""教师不讲,学生根本不学"等。16.67%的教师在教学中"比较不关注"学生的主体地位,他们提到了"主要以教师讲授为主"的教学方式,原因主要包括"学生想不到点上,耽误教学进度"等。8.33%的教师在教学中"没有关注"学生的主体地位,他们提到了"老师太喜欢在讲台上'表演',把学生当配角"的教学方式等,原因主要包括"传统的教学方式一直流行下来"。这表明这些教师传统的教学观念根深蒂固,在教学活动中并没有真正地处理好教师讲授与学生自主学习的关系。综合来看,西藏地区的小学数学教师传统的教学观念根深蒂固,课堂上学生的主体地位没有得到充分体现。

（2）普遍正视学生差异

笔者通过问题"面对学生层次差异比较大的现象,您上课的时候是怎样解决的?"来分析教师解决学生差异问题的情况。19位教师全部回答了这个问题。42.11%的教师对正视学生差异"认识清楚",他们提到了"课后辅导""分层次布置作业""小组长、小老师帮扶""分层次提问"等教学方式。31.58%的教师对正视学生差异"认识良好",他们仅提到了"辅导""分层次布置作业"的教学方式。15.79%的教师对正视学生差异"认识一般",他们仅提到了"补习"的教学方式。10.52%的教师对正视学生差异"认识不清楚",仅提到了"将问题生活化"的教学方式,其中一位教师教授的班级为重点班,认为班级学生之间没有太大差异。《义务教育数学课程标准（2011年版）解读》指出,"不同的人在数学上得到不同的发展"就是希望数学教育能最大限度地满足每一个学生的数学需求,最大限度地开启每一个学生的智慧潜能[2]。很显然,教师采取分层教学方式是正视学生差异、尊重学生个性发展的表现,并且采取多种方式帮助学习困难的学生,满足了学生的数学需求,值得肯定。但是,有1位教师（占比5.26%）提出"优生带差生的模式和分层布置作业方式产生了冲突,优生和差生在作业方面没法交流,不能给优生布置简单作业,因为对他没有提高作用,也不能给学习困难学生布置难度大的作业,因为他做不了"。因此,有效地结合多种分层教学方式,发挥分层教学的作用,也是教师需要考虑的问题。综合来看,西藏地区小学数学教师普遍能够正视学生的差异,尊重学生的个性发展,但分层教学方式有待进一步整合。

（二）教师对数学教学内容的选择和组织情况

1. 教师对数学教学内容的选择情况

（1）教学出发点有待进一步优化

笔者通过问题"您在备课的时候，或者是在开展课堂教学的时候，主要是从教学内容出发还是从学生出发？为什么会这样考虑？"来分析教师的教学出发点是否符合学生的认知规律。19位教师全部回答了这个问题。31.58%的教师的教学出发点"非常符合"学生的认知规律，他们提到了"教材内容和学生的接受能力都要考虑""一般先考虑学生，教材知识也要考虑""知识点肯定要讲，学生的实际情况也要考虑"等，原因主要包括"脱离教材教学会有问题，不以学生为主体，泛泛地讲，课堂气氛不好""教材内容知识点都会考虑到，但是也要考虑怎么和学生说"等。26.32%的教师的教学出发点"比较符合"学生的认知规律，他们提到了"从学生出发"，原因主要包括"教课最后的目的还是需要让学生懂""学生之间差距太大，需要考虑学生的层次""学生见识少，要考虑他们的知识基础"等。这表明以上教师都能够认识到教学内容的选择要符合学生的认知规律。26.32%的教师的教学出发点"一般"，他们提到了"从教材出发"，原因主要包括"教材该讲的知识必须要吃透""教学内容必须要完成"等。10.52%的教师的教学出发点"比较不符合"学生的认知规律，他们认为"教学最终的目的是让学生学会思考，会解这道题""应对考试"等。5.26%的教师的教学出发点"不符合"学生的认知规律，他们提到了"以教材知识点为主，但基本没有关注学生"。综合来看，西藏地区小学数学教师的教学出发点有待进一步优化。

（2）教学内容的选择贴近学生实际

笔者通过问题"对于一些不太贴合西藏学生实际的教材内容，您是怎样解决的？"来分析教师教学内容的选择是否贴近学生实际。19位教师中有13位教师回答了这个问题。53.85%的教师认为教学内容"非常贴近"学生实际，当数学教材中的例子不符合西藏地区小学生的认知基础时，他们提到了"换成西藏小孩实际生活当中的例子""结合当地的文化、建筑口述，或者拿照片向学生解释""网上借鉴示范课的例子，集体备课讨论修改，或者换成附近的景点"等，诸如"将鸟巢、水立方的例子换成当地的建筑""将城市的名字换成区、县的名字"等。30.77%的教师认为教学内容"比较贴近"学生实际，他们提到了"会给学生解释一下""稍微变动一下，换一个例子""诸如从广州去往深圳的火车行驶的距离，需要给学生解释一下"，便于学生理解。15.38%的教师认为教学内容与学生的实际属于"一般贴近"情况，他们仅提到了"用藏语帮助学生翻译"的方式。很显然，大部分教师在课程内容选择上贴近学生实际。综合来看，西藏地区的小学数学教师选择的教学内容贴近学生实际。

（3）"教学目标、重难点"的确定过于主观

笔者通过问题"您如何确定一节课的教学目标和重难点？"来分析教师对教学目标、重难点的把握情况。19位教师全部回答了这个问题。15.79%的教师对教学目标、重难点的确定"非常清楚"，他们提到了通过"看教师指导用书""看《义务教育数学课程标准（2011年版）》""磨课调整""教师集体备课讨论重难点"等方式确定教学目标和重难点，诸如"参考教学设计，适合的就用，不适合的就改""看参考书，还要根据学生的认知确定教学目标和重难点""备课的时候和其他老师讨论交流，再根据学生情况确定一个适合自己的教学目标"等。26.31%的教师对教学目标、重难点的确定"比较清楚"，较少的教师提到了通过"看《义务教育数学课程标准（2011年版）》""教师指导交流""借鉴网上资料再修改"的方式确定教学目标和重难点。31.58%的教师对教学目标、重难点的确定属于"一般清楚"情况，他们仅提到"参考别人的教学设计""根据教材教学内容"的方式确定教学目标和重难点，并表示"很少看《义务教育数学课程标准（2011年版）》""会集体学习《义务教育数学课程标准（2011年版）》，但用得比较少"。合理地参考教学设计相关书籍是有一定好处的，对教学有一定的帮助。15.79%的教师对教学目标、重难点的确定"比较不清楚"，他们提到了"难点就是重点，重点就是难点，考点就是重点""自己把握教学目标、重难点"。10.53%的教师对教学目标、重难点的确定"不清楚"，他们提到了"备课几乎是百度的""直接抄教案""自己不备课，上课临场发挥，有思路就可以讲了""不看《义务教育数学课程标准（2011年版）》"等。显然，这是不正确的教学行为。综合看来，西藏地区小学数学教师对教学目标、重难点的确定存在一定的主观性。

2. 教师对数学教学内容的组织情况

（1）教学环节比较完备

笔者通过问题"您能具体描述一下实际上课的教学环节吗？您觉得哪个环节最关键？为什么？您觉得哪个环节最困难？为什么？"来分析教师组织数

学课程的教学环节情况。19 位教师全部回答了这个问题。42.11%的教师的教学环节"非常完备"，他们提到了"复习""导入""讲授新课""练习""小结""布置作业"等教学环节，比如"选各个层次的学生代表上黑板写一下上节课学的知识，教师根据情况再总结一下""情境引入""游戏导入""让学生上黑板做练习题""将例题的顺序打乱，帮助学生掌握"等。26.32%的教师的教学环节"比较完备"，他们较少地提到了"复习""导入""讲授新课""练习"等。31.58%的教师的教学环节"一般"，他们仅提到了"导入""讲授新课""练习"。①

1 位教师（占比 5.26%）认为"复习"的环节最关键，原因包括"新旧知识联系，有利于学生理解"。10 位教师（占比 52.63%）认为"导入"的环节最关键，原因主要包括"导入好能吸引学生的注意力，引起学生的兴趣""和实际生活相联系，学生容易理解、记得住""导入做得好，学生的思路比较清晰，能跟上学习"等。6 位教师（占比 31.58%）认为"讲授新课"的环节最关键，原因主要包括"重点、难点要和学生解释清楚""讲解不好，学生无法理解，无法思考""讲授不好，学生对下节课的学习有困难"等。教师也普遍提到"课堂讲授占的时间多一些""课堂上基本是讲授""让学生自己探究、讨论的几乎很少"等教学现状。2 位教师（占比 10.53%）提到"练习"的环节最关键，认为"基本上讲完课剩下的时间就是练习"，原因主要包括"学好数学就要多做题""练习能让学生把知识点吃透"。

3 位教师（占比 15.79%）提到"导入"的环节最困难，原因主要包括"例子没有吸引力，学生没有兴趣""引导学生从旧知识转化为新知识的学习比较困难，教师的教学方法不当，学生难以理解"等。10 位教师（占比 52.63%）提到"讲解"的环节最困难，原因主要包括"学生语言表达方面有困难""学习困难学生的基础较为薄弱""学生的理解能力不足，眼界有局限"等。3 位教师（占比 15.79%）提到"教师主导"方面最困难，原因主要包括"教师缺乏引导学生有效参与、讨论的经验""课堂时间紧张""培养学生的学习兴趣比较困难"。2 位教师（占比 10.53%）提到"练习"的环节最困难，原因主要包括"藏文版练习应用题的语句较长，学生不愿意做""教师需要手把手教学生读题、练习"。1 位教师（占比 5.26%）提到学生"作业"方面最困难，原因是"父母不识字，学生有时写不出来"。

从以上的访谈情况来看，教师的教学环节比较完备。但是，在教学环节

---

① 因四舍五入，个别数据之和不等于 100%，下同。

方面也存在着一些问题，比如，学生的自主探究、讨论少，讲解环节困难重重，教师主导过于随意，学生的兴趣培养困难，部分教师将"做题"作为教学环节的关键等，这都需要教师以新课改的理念为指导做出一定的改变。综合来看，教师的教学环节比较完备，但教学理念有待转变。

（2）对学生实践活动的组织有待加强

笔者通过问题"平时一些需要动手实践之类的数学课，您是怎样组织的？"来分析教师对动手实践类课程的组织情况。19位教师中有17位教师回答了这个问题。29.41%的教师"非常重视"组织学生进行动手实践活动，他们提到了"让学生上台演示、操作""学生自己动手实践"等教学方式，如"折纸、摆方块、观察三视图""学'长度单位'，将学生带到操场上去量长度""让学生自己量课本、课桌"等。35.29%的教师"比较重视"组织学生进行动手实践活动，他们提到了"让学生上台演示"的教学方式，以及谈到了"现在开始注重让学生动手实践，以前比较少""教具的应用不是特别好"等教学现状。5.88%的教师组织学生进行实践活动的情况"一般"，表示自己偶尔在数学课堂上会给学生动手实践的机会。这表明以上教师比较注重学生的动手实践学习，有助于学生获得直接经验。17.65%的教师"比较不重视"组织学生进行动手实践活动，他们表示"学生动手实践的机会不多"，原因主要包括"没有精力去找教具""电不稳定，多媒体用不了""教具不齐全，条件限制"等。11.77%的教师"不重视"组织学生进行动手实践活动，原因主要包括"活动太占用时间""达不到效果"等。这表明以上教师对学生动手实践活动的重视程度以及对学生获得直接经验的认识程度普遍偏低。综合看来，西藏地区小学数学教师对学生实践活动的组织有待加强。

（3）注重学生的直观感受

笔者通过问题"平时一些比较直观的数学课，您是怎样组织的？会用教具上课吗？"来分析教师对于直观类课程的组织情况。19位教师中有15位教师回答了这个问题。40.00%的教师"非常重视"学生的直观感受，他们提到了在课堂上会通过"教具演示""自制简单教具"等方式开展直观类数学课程，原因主要包括"学校教具不足""只有教师有教具，学生没有学具""教师需要自己买教具"等。46.67%的教师"比较重视"学生的直观感受，他们仅提到了"直观演示"的教学方式，原因主要包括"教具不足""教学时间紧张，只能由教师直观演示"等。13.33%的教师对学生的直观感受重视程度"一般"，他们提到了"偶尔会用教具上课""用类似的实物替代教具"，比如

"用杯子代替圆柱"。教师都表示"使用教具上课效果好，比较直观"，这表明这些教师普遍都能认识到了关注学生的直观感知的重要性。运用教具、学具等进行直观教学，在组织数学教学内容过程中重视学生的直观感受，不仅可以激发学生学习数学的兴趣，培养学生的观察能力和思维能力，而且能够培养学生的空间观念。综合来看，教师注重学生的直观感受，自制教具值得提倡。

（三）教师实施数学教学活动的整体情况

1. 教师实施数学教学活动的情况

（1）教学方式单一

笔者通过问题"您常采用什么样的教学方式？您还尝试过别的教学方式吗？"来分析教师的教学方式。19位教师全部回答了这个问题。5.26%的教师的教学方式"非常丰富"，提到了"讲授式""启发式""小组讨论""学生动手实践、自主探究"等。36.84%的教师的教学方式"比较丰富"，提到了"尝试过室外教学""偶尔几次用过探究式教学""偶尔会组织小组讨论"的教学方式，原因主要包括"新课改的影响，教学方式在转变""参加教师培训的影响"。但是，教师普遍表示在实际开展教学活动时，学生对探究式教学和启发式教学并不能完全适应，教学效果不明显。26.32%的教师的教学方式"一般"，他们提到了"教学方式比较传统""尝试过创造情境的教学方式，但组织不起来，讨论不起来"等。21.05%的教师的教学方式"比较单一"，他们提到了"上课主要是讲授式""没有尝试过别的教学方式""传统式讲授，教师是主角，学生是配角"等，原因主要包括"已经养成了讲授的习惯""喜欢讲授式的教学方式，很少尝试别的教学方式""自己以前的老师也是使用讲授式的教学方式"。10.53%的教师的教学方式"单一"，他们提到了"传统的讲授，多背，多做题，多考试"的教学方式，原因主要包括"学校对学生的成绩看得很重，所以要一直讲、练"。综合来看，教师的教学方式单一，不能有效地引导学生探究、启发学生思考。

（2）普遍重视激发学生的学习兴趣

笔者通过问题"您会设计一些教学活动激发学生的学习兴趣吗？"来分析教师激发学生兴趣的教学活动的实施情况。19位教师全部回答了这个问题。47.37%的教师"非常重视"激发学生的学习兴趣，他们提到了"游戏导入""课前加油鼓劲，增强学生的自信心""学生当小老师""动画片、视频导入"分组比赛""男女生比赛"等教学方式,主要原因包括"学生觉得有趣,比较愿意学习""培养学生的自信心,激发学生的学习兴趣"。36.84%的教师"比较重视"激发学生的学习兴趣,较少的教师提到了"表扬学生""知识竞赛""动画课件"等教学方式。这表明以上教师普遍能够认识到激发学生的学习兴趣对实施教学活动的重要性。10.53%的教师对激发学生学习兴趣的重视程度"一般",表示"只是进行教材上有的教学活动,不会特意地去设计其他活动"。5.26%的教师"比较不重视"激发学生的学习兴趣,仅提到了"布置适合学生水平的作业,让学生保持学习兴趣",认为"学生做对了题,学习跟上了,就喜欢学数学"。综合来看,西藏地区的小学数学教师普遍重视激发学生的学习兴趣。

(3)引发学生数学思考的能力有待提高

笔者通过问题"您在教学中会注重引导学生思考吗?"来分析教师引发学生数学思考的教学活动的实施情况。19位教师中有15位教师回答了这个问题。40%的教师"非常重视"引发学生数学思考,他们提到了"以学生为中心,多启发、多动脑、多思考、多动手""学生会通过思考,做一些总结""课堂上会让学生多思考、多表达,进行表扬"等方式,但有的教师提到"效果并不好",原因主要包括"学生缺乏自信,不愿意思考""学生不喜欢表达"等。33.33%的教师没有完全重视的原因主要包括"教师不能完全适应""学生不习惯"等。这表明以上教师普遍能够认识到数学课堂教学要注重引发学生思考,但是在教学活动中还需要提高学生思考的有效性。13.33%的教师对引发学生数学思考的重视程度"一般",认为"学生不能真正地进行独立思考"。6.67%的教师"比较不重视"引发学生数学思考,认为"学生不喜欢学习,不喜欢思考,不喜欢表达,从小没有养成这种习惯"。6.67%的教师"不重视"引发学生数学思考,表示"没有问过学生是如何思考的"。数学思考是数学教学中最有价值的行为,离开了思考,数学学习也只能是无效行为。有思考才会有问题,才会有反思,才会有思想,才能真正感悟到数学的本质和价值,才能在创新意识上得到发展。因此,教师应在教学过程中注重培养学生勤于思考的习惯。

(4)需要进一步培养学生的数学学习习惯

笔者通过问题"您怎样培养学生的数学学习习惯?"来分析教师培养学生数学学习习惯的情况。19位教师中有18位教师回答了这个问题。16.67%的教师对培养学生的数学学习习惯"非常清楚",他们提到了课堂上会注重对学生"独立思考、反思""善于提出问题"等习惯的培养。22.22%的教师对培养学生的数学学习习惯"比较清楚",他们较少地提到了教学中会培养学生"善学善问"的学习习惯。这表明以上教师能够在教学过程中帮助学生形成良好的数学学习习惯。44.44%的教师对培养学生的数学学习习惯属于"一般"情况,他们虽然也要求学生要善于提出问题,但学生的"主动性不高""害怕老师,不太会主动问问题"。16.67%的教师对培养学生的数学学习习惯"比较不清楚",认为"学生学习根本不积极""习惯的培养等于做题能力的培养"等。这表明这些教师对学生数学学习习惯的培养方法还需要进一步的改善。综合来看,西藏地区的小学数学教师对学生数学学习习惯的培养需要进一步加强。

（5）需要进一步培养学生掌握数学学习方法

笔者通过问题"您怎样让学生理解、记住知识点？"来分析教师培养学生掌握数学学习方法的具体情况。19位教师中有15位教师回答了这个问题。20%的教师"非常清楚"如何培养学生掌握数学学习方法,他们提到了通过"圈画重点""背诵公式""变式训练""学生自我总结"等教学方式帮助学生理解和掌握知识。20%的教师"比较清楚"如何培养学生掌握数学学习方法,他们较少地提到了"圈画重点""变式训练"等教学方式。这表明以上的教师能够在教学中通过多种方式帮助学生掌握数学学习方法。33.34%的教师对于如何培养学生掌握数学学习方法属于"一般清楚"情况,他们提到了"给学生翻译准确比较重要""让学生多做练习题,做测试""让学生多做练习,慢慢就记住了"。13.33%的教师"比较不清楚"如何培养学生掌握数学学习方法,他们提到了"重点知识多强调,反复多做几遍,慢慢就好了"。13.33%的教师"不清楚"如何培养学生掌握数学学习方法,他们提到了"学生在做做的过程中掌握知识,实在没办法的会让他们记下""听不懂,就让学生单纯地记住"。综合来看,西藏地区的小学数学教师对学生数学学习方法的培养需要进一步加强。

2. 教师引导学生学习过程的情况

笔者通过问题"您平时上课的时候是如何组织、引导学生学习的？有小组合作讨论交流的形式吗？效果怎么样？"来分析教师对引导学生小组合作学习的教学实施情况。19位教师全部回答了这个问题。21.05%的教师"非常重视"引导学生进行小组合作交流,他们提到了"分小组,讨论回答问题、总结时轮流按组汇报""讲试卷的时候以小组为单位讨论"等教学方式,表示效果

"比较好"，原因主要包括"小组讨论有利于学生积累多种方法，选择适合自己的，理解更好""小组讨论有利于每个学生都参与，发表自己的意见"等。21.05%的教师"比较重视"引导学生小组合作交流，提到了"近几年刚刚实行小组讨论""效果很难说"，原因主要包括"不适应""还不能完全地让学生进行小组讨论"等。21.05%的教师对引导学生进行小组合作交流的重视程度"一般"，表示"偶尔会有小组讨论"，原因主要包括"学生不愿意交流自己的想法"等。这表明大部分教师普遍都能认识到学生的学习应当是自主探索、合作交流的过程，认识到了"小组合作讨论"教学组织形式的必要性，但效果有待进一步提升。21.05%的教师"比较不重视"引导学生进行小组合作交流，表示"曾经尝试过小组讨论，但以失败告终"，原因主要包括"教室小、窄，学生不适应""班级人数太多，不太好组织"。15.80%的教师"不重视"引导学生进行小组合作交流，表示课堂上"基本没有小组讨论"，原因主要包括"课堂会特别乱""效率不高""学生可能去讨论别的事情"等。综合来看，西藏地区的小学数学教师应该多引导学生进行合作交流。

（四）教师对学生学习评价的整体情况

1. 普遍注重对学生的学习评价

笔者通过问题"平时课上会怎样对学生的学习进行评价？"来分析教师对学生学习的评价情况。19位教师中有16位教师回答了这个问题。43.75%的教师"非常重视"对学生学习的评价，他们提到了"从单纯地说学生做得对还是错转变为'你现在已经进步很大了，再继续加油'""树立榜样作用""奖励学生物品""给学生贴纸""在作业本写上鼓励性的评语、盖奖章"等鼓励性的方式对学生进行评价。25.00%的教师"比较重视"对学生学习的评价，他们较少地提到了"口头鼓励""实物奖励"的评价方式。31.25%的教师对学生学习评价的重视程度"一般"，他们仅提到了"鼓励、鼓掌"的评价方式。教师采用鼓励性的评价来激发学生学习的上进心，是关注学生情感的表现。但是有1位教师提到"鼓励的次数多了，学生就觉得没有意思了，鼓励的目的有时候达不到，所以鼓励次数多了不行，不鼓励也不行"。从访谈的结果来看，可以发现，教师鼓励性评价的语言比较单调，缺乏针对性，的确容易造成鼓励泛滥。综合来看，西藏地区的小学数学教师普遍注重对学生进行学习评价，但评价语言过于匮乏。

2. 测试结果的反馈方式比较单一

笔者通过问题"根据考试成绩对学生的情况进行诊断，您怎样反馈结果？"来分析教师对测试结果的反馈情况。19位教师中有14位教师回答了这个问题。7.14%的教师对测试结果的反馈方式"非常丰富"，提到了"做试卷分析""询问学生考试失败的原因""重新讲一遍试卷"等方式，原因包括"应该帮助学生分析原因，做出改进"。7.14%的教师对测试结果的反馈方式"比较丰富"，提到了"进行试卷分析，明确学生记忆的模糊点""与其他教师讨论学习"等方式。这表明以上教师能够比较合理地处理测试评价的结果。50.00%的教师对测试结果的反馈属于"一般"情况，他们提到了"对试卷的正确率、错误率进行分析""讲解试卷"等方式。28.58%的教师对测试结果的反馈方式"比较单一"，他们仅提到了"将试卷从头到尾讲一遍"的方式，表示"错得多的，要重点讲""对教学方式的调整不大"等。7.14%的教师对测试结果的反馈方式"单一"，提到"教师根本不注重试卷分析，将试卷分析看作教务处安排的任务，不看卷子，直接编一个就算完成任务"。

（五）教师使用信息技术与教学手段的情况

1. 信息技术的使用存在一定的误区

笔者通过问题"您在上课的时候会用到哪些多媒体技术？"来分析教师在教学过程中运用信息技术的情况。19位教师全部回答了这个问题。15.79%的教师对信息技术的使用"非常熟练"，他们提到了在教学过程中会使用"电子白板""展台"等多媒体设备，并且提到"使用电子白板播放PPT课件，比较生动，学生喜欢""电子白板里的资源比较丰富，可以将资源全部下载下来""展台比较方便"等。21.05%的教师对信息技术的使用"比较熟练"，课堂教学中大部分会使用"电子白板"，比较方便快捷。47.37%的教师对信息技术的使用属于"一般"情况，原因主要包括"有时候没网没电，设备就比较受限""仅会使用展台"等。10.53%的教师对信息技术的使用"比较不熟练"，原因主要包括"教师不太会使用多媒体技术，培训过，但差不多都忘了"。5.26%的教师对信息技术的使用"不熟练"，原因包括"老教师不会操作多媒体设备"。其中，有1位教师（占比5.26%）提到，"我们的教学虽然用到了多媒体，但只是形式上的，教师很喜欢下载课件，过分追求动画效果，感觉学生有点儿走马观花。很多教师使用多媒体课件代替了自己的讲解，对概念讲不清时，直接播放下载别人的教学视频，学生变成听视频上课了。老师被多媒体牵着鼻子走，教学的意义大打折扣。教师需要先明确的是，现代化的教学不是用现代化的教学技术来教学，多媒体教学只是一种教学的辅助方式，并不是说全部用多媒体来展示就是好的，其实有些内容是完全可以不用多媒体的"。综合来看，西藏地区的一些小学数学教师对信息技术的使用存在误区，并且一些教师对多媒体设备的操作能力也需要进一步提高。

2. 板书使用有减少趋势

笔者通过问题"您上课的时候板书多吗？主要是什么内容？"来分析教师的板书设计情况。19位教师全部回答了这个问题。57.89%的教师"非常重视"板书，他们提到了"在黑板上写练习题、某个概念""板书标题、习题的步骤""板书重点知识""让学生上黑板做练习题"等方式，原因主要包括"解题的过程一定要在黑板上写清楚，便于学生掌握""重要的知识要写清楚""让学生的思路清晰，知道这节课讲什么"等。5.26%的教师"比较重视"板书，提到"公式方法""板书例题的解题步骤"。15.79%的教师对板书的重视程度"一般"，提到"板书标题""教材习题步骤"。总体来看，教师的板书内容相对完备。21.05%的教师"比较不重视"板书，表示自己现在板书不多，原因主要包括"板书基本上用电子白板展示""用展台的情况比较多，板书较少"等。信息技术始终起着辅助教学的作用，不能完全替代必要的板书设计。综合来看，西藏地区的小学数学教师对板书的使用有减少趋势。

五、研究结论

（一）现行的教学框架下，学生的主体地位没有得到明显体现

数学教育的教学理念是数学教育活动的出发点，也是数学教育活动的归宿。要想办好让人民满意的数学教育，需要正确地认识数学课程的教学理念，即"人人都能获得良好的数学教育，不同的人在数学上得到不同的发展"[2]。义务教育阶段的数学课程教学理念既要促使全体学生数学素养的达成，也要为不同学生的多样化发展提供空间。

从本次调研数据来看，在现行的教学框架下，学生的主体地位有待进一步体现。虽然教师普遍认识到了培养学生自信心的重要意义，正视学生的差异，关注学习困难学生，分层教学符合学生的发展规律，能满足学生的发展需求，但是在教学中学生的主体地位没有得到明显体现，阻碍了学

生的自主发展。只有关注学生的主体地位，才能真正实现相互尊重、平等交流的"对话"式教育。

（二）现有的教学方式尚未体现出教研活动的作用

选择和组织教学内容，是教师完成课堂教学的重要任务。教师通过集体备课、积极教研等方式从课程知识的内在联系与学生的认识规律、生活实际等方面出发，选择、调整、组织合适的内容进行教学，是适应学生学习需要、切实提高教学效果的重要保证。

从本次调研数据来看，现有的教学方式尚未充分体现出教研活动的作用。教师在进行数学教学内容的选择时很关注学生的认知基础和学习实际，教学环节比较完备，尤其值得肯定的是，相当一部分教师能够通过自制教具有效地改进教学方式。但是，教师在确定教学目标和重难点时的主观性较强，对教研活动的重视不足。同时，教师在组织教学的过程中对学生的探究意识关注甚少，学生动手实践的机会少，不利于学生自主探究意识的养成。

（三）传统的教学方式依然是民族地区教学的基本方式

数学教学活动是对数学课程的具体实施，是教和学的行为主体具有一定参与度的活动，"参与"不仅指态度、行为，更指数学思维；不仅指参与的形式，更指所收到的实际学习效果[2]。教师应该在教学中努力实现教与学的和谐统一，激发学生的兴趣，引发学生思考，培养学生的数学学习习惯，促使学生掌握恰当的数学学习方法。同时，教师要关注、研究学生的学习状况，组织、引导学生的学习过程，为学生营造良好的数学学习环境。

从本次调研数据来看，传统的教学方式依然是民族地区教学的基本方式。教师采用的教学手段过于传统、守旧，比如，普遍采用讲授式的教学方式，采用背诵、反复练习等方法引导学生掌握相关知识，不利于促进学生的数学思维的发展。另外，对于新课程改革提倡的理念，比如，启发学生思考、引导学生探究、组织学生合作交流等，虽然在教学中也有一定的尝试，但没有掌握具体的实施技巧，实施效果不佳。

（四）教学方式中与评价反馈有关的部分是明显的弱项

数学学习评价的主要目的是"全面了解学生数学学习的过程和结果，激励学生学习和改进教师教学"[1]。教师在教学过程中设计和实施多样化的数学学习评价，多角度地关注学生，恰当地反馈评价的结果，对于激发学生的学习兴趣，提升学生的学习信心，具有重要的作用。同时，评价也是教师了解学生学习状况、为学生提出改进意见、调整和改善教学的重要途径。

从本次调研数据来看，教学方式中与评价反馈有关的部分是明显的弱项。虽然教师对学生的学习评价不再把成绩单作为唯一的评价标准，在进行数学教学活动的过程中，能够注重对学生进行激励性评价，以此来激发学生的上进心，从而提高学生学习的兴趣，但是教师对学生学习的评价也存在一些问题，例如，积极性评价的语言不具有针对性，容易造成鼓励泛滥化，对测试结果的反馈方式形式化，不能有效地指导学生的学习、改进教师的教学工作。

（五）现行的教学方式与现代信息技术的使用并未融为一体

信息技术具有直观形象和动静结合的特点，通过信息技术的演示，可以将复杂的数学问题简单化，有助于学生理解教学内容。但是，信息技术不能完全替代板书设计，必要的板书有利于实现学生的思维与教学过程同步，有助于学生更好地把握教学内容的脉络[3]。教师需要在教学中合理地使用现代化的教学手段，并和传统的教学手段有效结合，致力于有效地改进教与学的方式。

从本次调研数据来看，现行的教学方式与现代信息技术的使用并未融为一体。虽然一部分教师在教学过程中会运用电子白板、展台等多媒体设备进行数学教学，但是教师在运用信息技术的过程中也存在一些问题，例如，教师不会自己制作课件，只能借鉴现成的资源，教学内容的呈现缺乏创新性；教师对信息技术的运用存在误区，没有真正认识到多媒体只是一种辅助教学的手段，讲课过程中被多媒体"牵着鼻子走"等。同时，值得引起注意的是，教师的板书使用也有减少趋势。好的数学板书能够启发学生思考，理解数学知识及其内在联系，有信息技术不可代替的功能，应该让数学板书与信息技术和谐共生。

六、对策与建议

（一）学习《义务教育数学课程标准（2011年版）》应该是改善教学方式最重要的途径

新课程标准倡导的一些新的教育理念为数学教学注入了新的活力。教师需要加强对课程标准的培训学习，全面掌握课程标准提出的课程基本理念、课程目标、教学内容及实施建议等内容。访谈结果显示，西藏地区小学数学教师对《义务教育数学课程标准（2011 年版）》倡导的教育理念没有完全落实到位，比如，学生的主体地位没有得到明显体现、提升学生学习自信心的方式单一、引导学生合作交流的效果不佳等。因此，加强西藏地区教师对该标准的学习显得尤为重要。为了使关于该标准的培训和学习有效实施，需要注意以下几点：第一，培训的内容要紧紧围绕《义务教育数学课程标准（2011 年版）》的理念，设计问题情境，并与整个基础教育课程改革的理念相匹配。第二，培训的形式要精准，可以采取情境教学、现场观摩、听课、评课等多样化的培训形式，将《义务教育数学课程标准（2011 年版）》倡导的理念运用到培训中，起到示范作用，实施"学生主体地位""小组合作交流"等案例教学，为经验丰富的教研员、一线教师与学员拓展交流的空间。第三，培训需要不断跟进，培训结束后，组织此次培训的相关教育部门应当全方位地跟踪调研关于《义务教育数学课程标准（2011 年版）》培训的效果、教师对培训的满意度，深入探讨教师培训工作新机制，鼓励教师相互学习《义务教育数学课程标准（2011 年版）》的培训成果、交流培训经验，最大限度地发挥《义务教育数学课程标准（2011 年版）》培训的作用。

（二）行之有效的教研活动一定要成为教师活动的常态

数学课程的设计、目的、评价以及实施都是围绕着数学教学内容的安排及其结果展开的。正确地选择和组织数学教学内容相当重要。访谈结果显示，西藏地区的小学数学教师对于数学教学内容的选择和组织存在一定的问题，比如，教学目标、重难点的确定过于主观，对学生实践活动的组织有待加强等。教学方式的改进不是个人经验的积累，而是集体经验的共享。教研活动是教师进行经验总结、问题反馈的较好形式，所以强调以校为本、以区为本、以地域为本的合作式的教研活动有利于促进教师的个人成长、学生的全面发展，提升学校整体的教育教学水平。行之有效的教研活动一定要成为民族地区教师活动的常态，通过开学初的数学教材培训、每周的专题教材培训等形式帮助教师理解教材、掌握教法，理解教材的难点、重点，全面落实数学课程标准中提出的教学目标。另外，数学教研活动的开展要贴近教学实践，关注教师在课堂教学中出现的问题和困惑，开展集体备课等活动，根据学生的认知基础和实际情况，设计有助于学生提升实践能力、收获数学学习经验的教学方案。教师要努力创设平等、合作的教研氛围，共同探讨、研究教学方式方法，规划数学教学活动，听取同伴教师的成功经验，互相提供反馈意见，实现经验共享，启发教师的教学灵感，促进每位教师实现专业化发展。

（三）适当压缩传统教学方式的比例，拓展启发式、探究式、合作式、参与式教学

"民族教育更要走上一条现代化的道路。"[4]一定要不断调整民族教育的教学理念、教育目标、教学行为等，促进民族地区教师教学方式的现代化。访谈结果显示，西藏地区的小学数学教师进行的普遍是传统的教学活动，教学方式比较单一，比如，普遍采用传统的讲授式教学，不能有效引导学生探究、启发学生思考，对学生数学学习习惯和方法的培养有待提升，等等。为了提高西藏地区教学效果，"一个最直接、有效的举措就是努力实现教学方式的多样化和丰富性"[5]，将讲授式、启发式和探究式三种教学方式进行有效的整合，缩短教师的讲授时间，适当增加教师的启发引导，拓展学生主动参与、自主探索、勤于动手的探究式教学，引导学生合作交流，积极参与教学过程。在教学方式多样化的基础上，充分发挥各种教学方式、教学手段的优势，实现教师教学方式的现代化。

（四）改进教师教学方式应该成为评价反馈的重要目的

学习评价的功能是帮助学生认识自我、建立自信，同时也是为了帮助教师改进教学方式。可见，"改进"是评价最重要的功能，改进教师的教学方式应该成为评价反馈的重要目的。访谈结果显示，西藏地区的小学数学教师对学生学习评价的针对性不高、评价结果的反馈方式比较单一。在进行学习评价以及反馈学习评价结果时，为了积极地发挥评价的改进功能，教师要重视评价方式的多元化和多样性，积极采取"课堂观察表评价""数学日记评价""成长记录袋评价"等评价方式，也可以采取小组互评和学生自评等形式，让学生在收获喜悦和体验成功的同时，能发现自己的不足。在反馈学习评价结果过程中，教师要向学生提供完整的反馈意见和学习建议，并且及时地和学生进行有效的交流。这样除了能让学生了解自己哪些方面是做得好的，哪些方面还需要改进，还可以使教师了解到怎样教才是最好的，怎样可以有效地改进教学方式。

另外，只有教师通过评价反馈结果积极地改进自己的教学方式，才能真正地实现教学方式的改善。

（五）扩大现代信息技术使用范围，增强教师的教学基本功

在数学教学中，合理运用信息技术，可以辅助教师教学，能取得传统教学手段难以达到的效果。有条理的板书设计，有利于实现小学生的思维与教学过程的同步，帮助学生更好地把握数学教学内容的脉络。访谈结果显示，西藏地区的小学数学教师对现代信息技术的使用存在一定误区，并且板书使用有减少趋势。因此，西藏地区在扩大教师的现代信息技术使用范围的同时，也要强调教师的教学基本功。教师要积极地参加学校、教研部门等组织的各种多媒体技术培训活动，以提高自身运用多媒体技术的能力。在进行多媒体辅助教学时，教师要善于将现代化的信息技术与传统的教学手段（如黑板、粉笔）和数学课程内容有效地整合使用。教师在教学过程中可以通过生动有趣的多媒体画面创设情境，激发学生的学习兴趣，将重要的定理、重点题目的解题过程等内容板书下来，适当地使用彩色粉笔，在关键词语下面圈画，加深学生的理解。

参考文献

[1] 中华人民共和国教育部. 义务教育数学课程标准（2011 年版）[S]. 北京：北京师范大学出版社，2012：2-3.

[2] 教育部基础教育课程教材专家工作委员会. 义务教育数学课程标准（2011 年版）解读[M]. 北京：北京师范大学出版社，2012：3.

[3] 滕大英. 现代信息技术在数学课堂教学中的利与弊———一年级数学教学中怎样合理运用CAI课件[J]. 新教育时代电子杂志（教师版），2016（27）：11.

[4] 孙晓天. 民族教育更要走上一条现代化的路[J]. 中国民族教育，2015（12）：39-40.

[5] 何红娟. 问题引领 任务驱动 自助研训———提高数学教研活动有效性的策略研究[J]. 新课程导学，2012（27）：18.

（节选自作者硕士学位论文《西藏地区小学数学教师教学方式的现状分析——基于 19 位教师的访谈》，中央民族大学，2019 年）

藏族地区小学数学教师的信念研究

郎甲机

一、引言

2001年6月，教育部印发了《基础教育课程改革纲要（试行）》，主要介绍了基础教育的课改内容和今后的实践方向，并对教师提出了新的要求。在基础教育课程改革背景下，教师要由课程的忠实执行者转变为课程的开发者和课程知识的构建者，要由学生的"控制者"转变为学生学习的"组织者""引导者""合作者"，同时还要有能力将自身的基本理念转化为教学行为。

在民族地区，由于经济水平和教育水平的相对滞后，课程改革的实施并不顺利。对于民族地区的教师来说，新课程改革是一次观念的冲击，教师首先面对的是新课程理念与原有观念之间的较大差异，而观念的转变无疑是一个长期的过程。此外，即便转变了观念，民族地区的教师在教材的理解与应用、教法等方面同样面临着新的挑战，一些教师虽然认同新课程理念，但是无法将新课程理念落实到课堂教学中，仍然是照本宣科，完全按照教材的编写顺序开展教学，对教学中的突发状况束手无策。民族地区的教师关于学生数学学习的认识普遍停留在学生的数学基础差上，对学生的其他方面，如社会文化背景、兴趣动机、语言背景等的关注不足。

在这样的背景下，本文试图对藏族地区的小学数学教师进行研究，了解藏族地区小学数学教师的信念。

二、研究框架

已有的研究中数学教师的信念大都包括数学观、学生观、教学观三个元素。将数学观、学生观、教学观作为教师的信念的要素的研究者占多数，而其他不同的分类方式虽然用了不同的名词，但大都可归于这三个要素之中。因此，本文将数学观、学生观和教学观作为教师信念的主要元素。

笔者在参与少数民族地区数学教师培训项目的过程中，发现一些教师对学生成就的评价不是十分乐观。比如，有的教师认为农村孩子的数学学习能力比城市孩子弱，也有教师将数学学习的成就归因于学生数学方面的天赋等。显然，如果教师持有这样的观念，就无法公平地对待学生。考虑到这样的因素，本次研究中的教师信念除了包括数学观、学生观和教学观三个模块之外，还涉及教师对学生成就的观念，即教师如何评价学生的数学学习成就，教师是否关注学生在学习数学过程中的发展和变化，以及教师是否认为学生的数学学习能力是可以培养的，等等。

综上所述，本次研究从数学观、学生观、教学观和成就观四个子维度对教师的信念进行研究，详见表1。

表1 教师的信念研究框架的构成及其诠释

子维度	内涵
数学观	教师对数学的本质和数学发展的认识
学生观	教师对学生的行为、心理活动、认知规律的认识，以及对学生如何学习数学的看法
教学观	教师对数学教学的认识，即教师对教学目标、教学过程中教师的角色、学生的角色、适合的课堂活动、教学方法、教学重点、合理的教学步骤、教学结果的认识和看法
成就观	教师对学生数学学习成绩与数学能力的认识

三、研究设计与实施

（一）研究对象

本次研究以四川省阿坝藏族羌族自治州若尔盖县的小学数学教师作为研究对象，涉及11所小学，共计87名小学数学教师，其中40名城镇教师，47

名农村教师；24 名男性，63 名女性。四川省阿坝藏族羌族自治州若尔盖县的小学数学教师在教学中主要采用了三种教学模式：①一类教学模式，除了汉语文学科，其他学科都为藏语授课；②二类教学模式，除了藏语文学科，其他学科都为汉语授课；③普通类模式，都是汉语授课，没有藏语文课程。为了研究的便利，本次研究将二类模式与普通类模式统称为汉语教学模式，将一类模式称为藏语教学模式。

（二）问卷设计

李琼从三个方面考察了教师的数学观：对数学作为一门学科的看法、对数学思想方法的看法、对学生数学学习的看法[1]。本次研究使用的教师信念问卷以李琼使用的教师信念问卷为蓝本，对其做了以下调整和改动。

1. 筛选和调整题目

在对民族地区教师的观念有所了解的情况下，笔者通过对民族地区的教师进行访谈，对李琼的问卷进行筛选和相应的调整，使其适用于藏族地区小学数学教师的实际教学情况。

2. 简化语言表达

考虑到民族地区教师的汉语水平不一，为了避免句子过长而拆分一些过长的题目，继而筛选出最能体现各维度知识的题目，并简化其表达。

3. 增设题目

笔者基于以上关于教师信念的测试工具，并考虑到以往参与研究的过程中发现的民族地区教师信念的现状，以及在研读教材过程中发现的一些过于"都市化"的教学情境，增添了教材中或者教学过程中与跨文化的教学任务有关的教师观念的题目，以了解藏族地区教师在教学过程中遇到学生难以理解的问题时，是如何实行教学计划，以及是如何解答学生的疑问的。

4. 翻译题目

笔者对问卷进行了翻译，使其适用于采用一类教学模式的教师。首先，由研究者对问卷进行直译，并进行简单的调整。在此基础上，先后访谈了 2 名具备藏汉翻译工作经验的硕士研究生，主要针对问卷翻译中存在的问题提出改进建议。在初步完成藏文版测试卷的编制之后，选择 5 名藏文水平较高的藏族数学专业本科生填写问卷，对问卷翻译中存在的问题予以修正。

5. 预调研

完成问卷初稿之后，笔者在四川省阿坝藏族羌族自治州红原县向 5 名小学数学教师发放测试卷，其中用汉语教学的教师 2 名，用藏语教学的教师 3 名，问卷的填写平均用时为 20 分钟。然后，对参与预测试的教师进行访谈，受访教师表示问卷的翻译中不存在无法理解或有歧义的题目。

教师信念问卷最终由 25 个题目构成，6 道是关于数学观的，6 道是关于教学观的，6 道是关于学生观的，7 道是关于成就观的，采用利克特五点计分方式计分。问卷题目示例如下。

1）数学观：数学学科一直处于不断的变化与发展之中。

2）教学观：对于学生遇到的数学问题，教师不一定直接回答，而是让他们自己去尝试寻找答案。

3）学生观：教师引导学生论证自己的想法或结论是学生学习数学的重要部分。

4）成就观：考试成绩不是评价学生的唯一标准。

四、研究结果

（一）整体结果

教师在教学信念的整体得分，以及数学观、教学观、学生观和成就观四个子维度的得分如表 2 所示。

表2 教师信念测试的基本结果　　　　　　　　单位：分

标准	数学观	教学观	学生观	成就观	问卷总分
平均值（标准分）	20.15（67.16）	19.28（64.27）	21.49（71.63）	23.78（67.94）	84.70（67.76）
标准差（标准分）	2.67（8.90）	3.54（11.80）	2.65（8.83）	4.25（12.14）	9.72（7.78）
最大值（标准分）	28.00（93.33）	30.00（100）	29.00（96.67）	33.00（94.29）	119.00（95.20）
最小值（标准分）	14.00（46.67）	13.00（43.33）	14.00（46.67）	13.00（37.14）	64.00（51.20）
满分（标准分）	30.00（100.00）	30.00（100.00）	30.00（100.00）	35.00（100.00）	125.00（100.00）

注：括号外为原始分满分，括号内是将满分转化为百分制后的分数

若以标准化后的 60 分作为及格分数，则研究对象在教师信念上的平均得分为 67.76 分，高出及格分数 7.76 分，最高分为 95.20 分，最低分为 51.20 分，两者相差 44 分。图 1 通过箱线图对教师信念各模块的表现进行了比较。

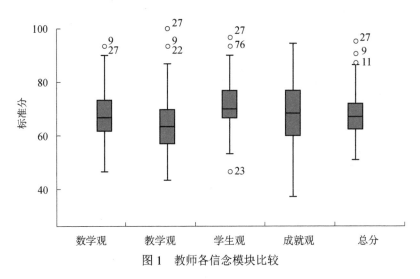

图 1　教师各信念模块比较

注：图中小圆圈和数字分别为奇异值和数据序号

教师持有的数学观、教学观、学生观及成就观的得分均在 60 分以上，四个模块的中位数分别为 66.67 分、63.33 分、70.00 分和 68.57 分，平均分分别为 67.16 分、64.27 分、71.63 分和 67.94 分，总分标准分的中位数和均值分别为 67.20 分和 67.76 分。

若以总分标准分为参考，在教师信念的子模块中，在教学观上的表现较差，在成就观与数学观上的表现一般，在学生观上的表现较好。

（二）不同教师在数学观念上的差异

运用独立样本 t 检验和单因素方差分析教师信念问卷的答题情况，对不同属性的教师的问卷进行均值差异检验。对二分变量进行了独立样本 t 检验，对于四分变量则使用单因素方差分析。考察因素为年龄、教龄、教学模式、是否担任其他学科教学、是否为师范专业毕业、数学学科周课时量、最高学历、州级以上培训次数。

1. 不同教师的数学观念整体表现的差异

方差分析结果显示，年龄在区间[30，40）的教师在数学观念上的得分显著低于 30 岁以下与 40 岁及以上的教师，p 分别为 0.001 和 0.015，说明均值存在显著差异。在其他因素方面，教师的数学观均无显著性差异（表 3）。

表3 教师观念（总标准分）多重比较

因变量	（I）	（J）	平均值差值（I-J）	标准误	p	95%置信区间	
						下限	上限
年龄	<30	[30，40）	6.908 33**	1.975 73	0.001	2.979 4	10.837 3
		≥40	2.333 33	1.989 34	0.244	−1.622 7	6.289 4
	[30，40）	<30	−6.908 33**	1.975 73	0.001	−10.837 3	−2.979 4
		≥40	−4.575 00*	1.843 86	0.015	−8.241 7	−0.908 3
	≥40	<30	−2.333 33	1.989 34	0.244	−6.289 4	1.622 7
		[30，40）	4.575 00*	1.843 86	0.015	0.908 3	8.241 7

注：*$p<0.05$，** $p<0.01$，***$p<0.001$，下同

2. 不同教师在数学观念四个子维度上的差异

（1）数学观

由独立样本 t 检验可以得出，教师在数学观上的表现在教学模式和是否担任其他学科教学上存在显著差异：汉语教学的教师的数学观优于藏语教学的教师，均值差异为1.65分，$p=0.004$；除数学学科外，还兼任其他学科的教师在数学观上的表现优于仅教数学学科的教师，均值差异为1.66，$p=0.018$（表4）。由方差分析得出，年龄在区间[30，40）的教师在数学观上的得分显著低于年龄为30岁以下与年龄为40岁及以上的教师，p 分别为0.008与0.005，均值差异分别为1.86与1.87；教龄在区间[10，20）的教师在数学观上的得分显著低于教龄为 10 年以下与教龄为 20 年及以上的教师，p 分别为0.040与0.010，均值差异分别为1.36与1.83（表5）。

表4 数学观：组统计及独立样本检验

项目		个案数/人	平均值	标准偏差	标准误差平均值	平均值差值	p
教学模式	藏语教学	34	19.147 1	2.271 46	0.389 55	−1.645 39**	0.004
	汉语教学	53	20.792 5	2.734 10	0.375 56		
是否担任其他学科教学	是	69	20.492 8	2.649 21	0.318 93	1.659 42**	0.018
	否	18	18.833 3	2.407 10	0.567 36		

表5 数学观：多重比较

项目	（I）	（J）	平均值差值（I-J）	标准误	p	95%置信区间	
						下限	上限
年龄	<30	[30，40)	1.864 58**	0.687 50	0.008	0.497 4	3.231 7
		≥40	−0.005 38	0.692 23	0.994	−1.382 0	1.371 2
	[30，40)	<30	−1.864 58**	0.687 50	0.008	−3.231 7	−0.497 4
		≥40	−1.869 96**	0.641 61	0.005	−3.145 9	−0.594 0

续表

项目	（I）	（J）	平均值差值	标准错误	p	95%置信区间	
						下限	上限
年龄	≥40	<30	0.005 38	0.692 23	0.994	−1.371 2	1.382 0
		[30，40)	1.869 96**	0.641 61	0.005	0.594 0	3.145 9
教龄	<10	[10，20)	1.362 93*	0.654 54	0.040	0.061 3	2.664 5
		≥20	−0.462 86	0.763 52	0.546	−1.981 2	1.055 5
	[10，20)	<10	−1.362 93*	0.654 54	0.040	−2.664 5	−0.061 3
		≥20	−1.825 78*	0.692 18	0.010	−3.202 3	−0.449 3
	≥20	<10	0.462 86	0.763 52	0.546	−1.055 5	1.981 2
		[10，20)	1.825 78*	0.692 18	0.010	0.449 3	3.202 3

参加州级以上的培训次数大于 5 次的教师的数学观显著优于参加州级以上的培训次数小于等于 5 次的教师，均值差异为 1.98，$p=0.004$（表 6）。

表6　数学观：独立样本检验

项目		个案数/人	平均值	标准偏差	标准误差平均值	平均值差值	p
州级以上培训次数	>5	18	21.722 2	2.492 47	0.587 48	1.983 09	0.004
	≤5	69	19.739 1	2.581 91	0.310 82		

（2）教学观和学生观

独立样本 t 检验和单因素方差分析的结果显示，培训次数不同的教师在教学观和学生观上没有显著差异。

（3）成就观

由方差分析可以得出，年龄在区间[30，40)的教师在成就观上的得分显著低于 30 岁以下与 40 岁及以上的教师，p 分别为 0.002 和 0.047，均值差异分别为 3.45 和 2.07（表 7）。

表7　成就观：多重比较

项目	（I）	（J）	平均值差值（I-J）	标准错误	p	95% 置信区间	
						下限	上限
年龄	<30	[30，40)	3.44 792**	1.09 722	0.002	1.2 660	5.6 298
		≥40	1.38 038	1.10 477	0.215	−0.8 166	3.5 773
	[30，40)	<30	−3.44 792**	1.09 722	0.002	−5.6 298	−1.2 660
		≥40	−2.06 754*	1.02 398	0.047	−4.1 038	−0.0 312
	≥40	<30	−1.38 038	1.10 477	0.215	−3.5 773	0.8 166
		[30，40)	2.06 754*	1.02 398	0.047	0.0 312	4.1 038

五、研究结论

（一）藏族地区小学数学教师的数学观念薄弱

藏族地区小学数学教师持有的数学观的得分比其他三个维度的得分低，可见教师对数学的本质和数学发展的认识不到位。对于数学的本质，他们认为数学是一个与运算紧密联系的学科，并且认为数学是精确的、严谨的。正是这样的认识导致教师不能接纳学生回答的多样性，过分注重学生的解题格式，忽视了数学学习中的归纳、猜想、推理、想象等解决数学问题中更为本质和重要的方面。在这样的观念下，教师带给学生的并非生动活泼的数学，而是古板、生硬的数学。

（二）藏族地区小学数学教师的信念主要在年龄和教龄上存在差异

年龄在区间[30，40）的藏族地区小学数学教师在教师信念整体、数学观和成就观上的得分显著低于30岁以下与40岁及以上的教师。教师持有的信念并非随着年龄的增长而变化，但是可能与教龄有一定的关系，年龄在区间[30，40）的教师，其教龄也应处在中间的位置。同时，年龄和教龄处于两端的教师比年龄与教龄处于中间位置的教师持有更高的信念。

以上结果与谢圣英的研究发现[2]类似。教师信念先下降后上升的趋势，说明藏族地区的一些小学教师毕业时间不长，缺乏教学经验，但他们有着较高的学历，在突破教学困扰方面有坚定的信念，并且容易接受新的教学理念与课程理念，对改进教育教学工作有较强的信心。相比较而言，教龄较长的教师对于改变传统的教学模式、创新课堂的教学行为没有足够的信心，进入新角色比年轻教师慢。年龄较大的教师积累了相对充足的教学经验，对数学学科、教师教学和学生学习方面都有较为系统和全面的认识。

六、对策与建议

数学观是对数学的基本看法，是对"数学是什么"的认识，主要包括教师关于数学本质的认识以及学习数学的认知过程。教师的数学观与教学观、学生观不同，但是它在某种程度上决定了教师的教学观与学生观，在数学教学中起到了至关重要的作用。

　　教师的数学观虽然不完全依赖于数学学科内容知识，但没有学科内容知识，教师就很难形成正确的数学观。因而，藏族地区小学数学教师应搭建良好的学科知识结构，加深对学科内容知识的认识和理解，进而将数学学科内容知识内化为教学观。同时，藏族地区教师在教学工作中应时常检视自身持有的数学观，并反思自身具备的理论知识是否在具体实践中有所体现。此外，藏族地区的小学数学教师要尽可能多地选读一些有关数学学科、数学史、数学教育的代表性作品，从中学习并领会大家的数学观，从而优化自身的数学观。

参考文献

[1] 李琼. 教师专业发展的知识基础：教学专长研究[M]. 北京：北京师范大学出版社，2009：95-97.

[2] 谢圣英. 中学数学教师认识信念系统的教龄差异研究[J]. 数学教育学报，2017（6）：67-71.

（节选自作者硕士学位论文《藏族地区小学数学教师知识与教师信念研究——以四川省若尔盖县为例》，中央民族大学，2019 年）

第三部分　民族地区数学教师培训模式的实践探索

精准培训助力藏族地区教师加速成长

董连春　何　伟　孙晓天

2015 年 3 月，习近平总书记在全国两会上强调，坚持精准扶贫，不能"手榴弹炸跳蚤"[1]。习近平总书记针对扶贫工作强调的精准施策，对民族地区的教师培训工作同样适用。民族地区教师要加速成长，民族地区教育要加快发展，必须辅以"精准"的教师培训。

2017 年 9 月 22—30 日，教育部民族教育发展中心和中央民族大学少数民族数学与理科教育重点研究基地联手，依托浙江省新思维教育科学研究院的教学资源，在杭州开展了"西藏及四省藏族地区小学数学教研员和骨干教师培训"活动。

一、精准开展藏族地区小学数学教研员和骨干教师培训

这次培训的"精准"主要体现在以下几个方面。

第一，培训对象精准。这次培训以西藏的 7 个地市和甘肃、青海、四川、云南四省共 10 个藏族自治州的小学数学骨干教师和教研员为培训对象。每个地区各选派 1 名小学数学教研员和 1 名小学数学骨干教师参加。教研员是一个地方教学工作的"领头羊"，骨干教师是一所学校教学的带头人，对他们的培训，将远远超过提升其自身教学修为的意义，可以起到以点带面的作用。有机会参与这个层次培训的人数不是太多，所以培训对象的精准选择，有可能会为藏族地区小学数学教育的长远发展孕育出一批优良的"种子"。

第二，培训形式精准。国家对民族地区的教师培训投入较大，民族地区

教师参与各种培训的机会也不少，但就实施情况来看，这些培训经常存在"手榴弹炸跳蚤"的现象。也就是说，培训专家讲授的水平是很高的，讲授的内容也都是重要的，可往往与教师的实际需求不符，广大教师在日常教学工作中面对的具体问题和存在的困惑，难以从这些培训中找到答案。另外，专家通常是讲完就走，很难与参加培训的学员有良好的沟通。民族地区教师对培训常表现出倦怠情绪，往往与此有关。

这次培训在形式上的精准，体现为尽量避免那些容易使培训者产生倦怠的培训方式，具体来说如下：一是极大地压缩了大学专家教授的授课时间，在整个培训过程中只安排了一次专家教授授课。二是为经验丰富的教研员、一线教师与学员拓展了交流的空间，培训依托的浙江省新思维教育科学研究院的教师都是由优秀的一线教师一步步走上"讲而优则研"的道路的，他们中的每个人都参与了教育部审查通过的小学数学教材的编写工作，对课程标准、教材的把握相对比较到位。三是在培训期间组织学员参加"中国·荷兰现实数学教育高峰论坛"小学数学专场，学员与专家进行交流，拉近了藏族地区小学数学教师和教研员与国际小学数学教育专家的距离，学员感受到了国际数学教育现代化的大潮。四是到杭州的多所小学现场听课、评课，与当地教师面对面交流。五是有专任教师负责，每两天利用一个晚上的时间组织学员开展专业讨论，消化、吸收相关的培训内容。六是每天给学员布置作业，并当天回收。七是有完善的学员团队建制，培训班由学员自我管理，班级配有班长、副班长和学习委员，每6个人组成一个小组，由小组长组织本小组的讨论，并上交作业。同时，班长、副班长和学习委员也起到了连接学员与培训主办方的桥梁作用。

以上七种形式组合在一起，取得了精准的培训效果，单独采用一种或两种形式难以取得同样的效果。这几种密度和强度都不小的培训形式组合在一起，不仅没有让学员产生倦怠，而且使学员始终沉浸在昂扬的氛围里，压力再大也乐在其中。

第三，培训内容精准。形式精准、安排得当、措施得力、培训者全身心投入固然重要，但是归根结底，决定培训质量的重要因素是培训内容的精准。围绕这次培训的目的，我们与培训方经过反复探讨和调整，最后确定了以"概念教学"为主题的培训内容。

数学本身就是一个由概念构成的知识体系，其中每一个概念几乎都能在小学数学中找到基因。但传统小学数学中的概念已经被异化为考试的对象，围绕着概念的教学往往是死记硬背和机械训练，很难体现小学数学应有的"基因"作用。这次培训瞄准了小学数学概念与小学生熟悉的现实生活的关系，着眼于概念的形成过程，着力体现小学数学概念的"基因"作用以及在此基础上形成的数学方法和技能。所有的培训课程都沿着"概念教学"这条主线展开，围绕相关教学实践中的重点难点问题进行了细致安排。

具体的课程内容包括：指导小学数学概念教学的教学思想、数学课程标准中的核心概念、从儿童的角度出发设计数学概念教学、从计算的概念教学看运算能力的培养、从几何的概念教学看空间观念的培养、从统计的概念教学看数据分析观念的培养、从基本概念出发落实核心素养。课程内容还包括杭州高新实验学校 3 名小学低年级教师、杭州江南实验学校 2 名小学高年级教师进行的 5 节关于数学概念教学的现场授课。每节课都有现场的点评分析与互动研讨，能使学员从理论与实践结合的层面，通过真实的课堂教学，加深对数学概念教学的理解与把握。由于培训规模小，在培训过程中，培训专家能够很容易地走到学员中间，以探讨与问答的形式进行授课，打破了以往专家一个人滔滔不绝地讲授的模式。专家与学员之间的探讨与问答，使得整个培训过程中气氛轻松活跃，保证了每位学员都能够积极参与其中。在晚上的反思交流中，学员积极发言、热烈讨论，极大地提升了培训的效果。

二、培训的初步效果

在培训过程中，学员的表现如下：积极投入，热情饱满。对于来自藏族地区的学员来说，长途奔波，加上"醉氧"带来的疲倦、胸闷和头晕，对他们的体能构成了很大挑战。但由于培训形式和内容的精准，加之安排得当、措施得力，主讲教师倾力投入，观摩学校全力配合，来自藏族地区的学员始终保持着饱满的学习热情。他们每天都在认真聆听、仔细记笔记，积极与主讲教师互动交流，而且针对每位主讲教师的授课填写反馈问卷。每次小组讨论，他们都高度投入，积极发言和展示，甚至针对某些共性问题进行激烈、深入的争论。每天培训活动结束后，他们都及时对一天内学习的知识与接收的信息进行认真梳理，在总结、反思的基础上，提交当天培训的心得体会。除此之外，在培训过程中，藏族地区教师从刚开始的腼腆安静逐渐变得自信从容，积极发言和讨论。在为期三天的"中国·荷兰现实数学教育高峰论坛"现场，虽然有接近 700 位听众，但来自藏族地区的学员敢于大胆提问，在现场与荷兰专家就小学数学教育问题进行了对话。

学员对培训的评价是"接地气"。他们纷纷表示，此次培训的针对性非常强，没有冗余的高谈阔论，更多的是基于教学实践问题的讨论和反思，培训形式和内容都拓展了他们对数学概念本身以及数学概念教学的理解，解决了许多他们平时在教学过程中经常要面对的问题与困惑。例如，有一位老师在这次培训之前只认可"两位数乘两位数"中竖式计算的标准形式，而对于学生自己找到的其他方法一律按错误对待。在培训之后，他清晰地认识到，竖式计算是形式，算理、法则才是概念。其实基于算理有很多形式可以求得正确的结果，竖式虽然重要，但只是其中一种形式。这个小例子比较有代表性，说明通过短时间的培训，学员已经精准地掌握了如何在相对死板地依赖教材与全面准确地理解和运用教材之间把握平衡。还有老师在反思中写道："以前只关注学生的答案对不对，现在知道要关注学生的思维发展过程"，"要把'以学生为学习主体，尊重人性'这种理念带到自己的家乡与老师们分享"，"回去要给我们的校长、教育局领导汇报，要把听课的课件、笔记分享给当地的老师们"。

三、精准的教师培训需要不断跟进

培训结束后短短 20 天的时间里，已经有学员在当地开展了汇报、公开课、教师培训等活动，培训效果已经显现。学员的热情与努力，使得我们更加坚信通过改进培训方式，实现精准培训，藏族地区的理科教育有可能实现加速发展，藏族地区的孩子也有可能像发达地区的孩子一样，接受现代化意义上有质量的基础教育。

对于 36 名小学数学教研员与骨干教师而言，这次培训是新征程的开始。我们现在确信，这 36 名小学数学教研员与骨干教师有可能成为藏族地区数学教育质量提升的 36 粒"种子"，有可能在藏族地区的教育教学改革与发展进程中写出浓墨重彩的一笔。但能否切实做到这一点，与培训的后续跟进有重要关系，因为后续跟进更能体现精准的教师培训的特点。为此，我们建议把这次培训当作第一期，2018 年以专题研讨会的形式举办第二期培训。具体内容是参加第一期培训的每一位学员通过文稿和视频，公开展示和分析一个属于自己的数学概念教学的案例，并由这次培训的主讲教师逐一点评，大家推敲和共同研讨，使这些课例产生实际的借鉴和参考意义。这不仅是对这次培训效果的进一步跟踪与检验,更重要的意义在于可以由此深入地探究"精准"开展少数民族地区教师培训工作的新机制。

为期9天的培训落下了帷幕,在结业仪式上,学员除了拿到结业证书,每人还拿到了一本把几天来学员记录的点点滴滴集合起来的"作业集",记录了他们自己的成果。参加培训的所有学员都就本次培训谈了自己的收获与体会,他们淳朴真诚的表述感染了在场的每一个人。大家都感慨时间过得太快,认为培训的时间再长一点就好了。

我们愿与藏族地区全体教育工作者一起为提高藏族地区的理科教育质量继续努力。

参考文献

[1] 曾嘉雯. 两会, 总书记的非常妙喻 [EB/OL]. http://m.people.cn/n4/2018/0814/c4049-11444128. html[2020-08-05].

（本文发表于《中国民族教育》2017 年第 12 期）

扎根民族地区践行教学改革——记"西藏与四省藏族地区小学数学教研员和骨干教师培训"优秀学员的思考

董连春　何　伟　苏傲雪　阿伊沙吾列·阿布都卡斯木

自 2017 年 9 月起，教育部民族教育发展中心、中央民族大学少数民族数学与理科教育重点研究基地联合开展"1+1+3"民族地区数学教研员和骨干教师培训计划，"1 年以概念教学为主题的集中培训"+"1 年以诊断教学为主题的集中培训"+"3 年以课题研究等为主要抓手进行行动研究和跟踪指导"。

其中，"1 年以概念教学为主题的集中培训"+"1 年以诊断教学为主题的集中培训"侧重集中培训，定位为小规模、高质量的引领示范性培训，邀请了以"教而优则研"的优秀教研员为主体的教育教学专家团队。"1 年以概念教学为主题的集中培训"重在"听"和"看"，通过参加高规格的活动拓宽视野，通过听讲座、观摩名师示范教学寻找方向；"1 年以诊断教学为主题的集中培训"重在"试"和"想"，学员在参加培训前需要自己完成教学设计、说课、讲课等活动，并在培训过程中进行展示汇报，教学专家团队针对每个学员的情况进行一对一指导，帮助学员打磨教学设计，同时指导学员进行实际授课，让学员在亲力亲为的过程中对自己的教学进行考量、反思，提高教学能力。

"3 年以课题研究等为主要抓手进行行动研究和跟踪指导"是指结合学员所在地区的教学实际开展行动研究和案例研究，通过建立成长档案、教学专家团队到校指导、开展课题研究、举办教学研讨会等形式加以实施。学员在经过"1 年以概念教学为主题的集中培训"+"1 年以诊断教学为主题的集中培训"

两年培训后，将所学理念与技能落实到教学实践中，进行教学改革尝试。教学专家团队则在 3 年时间里，分批次、分地区地深入到学员所在学校，结合学员的日常教学，帮助学员分析、解决他们在教学改革实践中遇到的问题，同时在学员所在地区协助学员开展学习成果展示交流活动，为学员搭建展示平台，充分发挥他们作为"种子"在一个区域内的辐射作用。"1+1+3"民族地区数学教研员和骨干教师培训计划融集体培训、行动研究、教研活动、成果展示等内容于一体，覆盖"三区三州"的 24 个地州、212 个县区的地州、县区两级教研员，每个地州 1～2 个名额，每县只有 1 个名额。作为该计划的培训活动之一，"西藏与四省藏族地区小学数学教研员和骨干教师培训"已开展两期，分别于 2017 年 9 月和 2018 年 10 月在浙江省杭州市举行。本文记录了培训中的优秀学员代表黄兴艳老师在 2017— 2018 年参与两期培训之后的感悟与思考。

一、黄兴艳老师个人概况

黄兴艳，纳西族，云南省迪庆藏族自治州香格里拉市红旗小学数学教师，1998 年 7 月毕业于云南省昆明市农业中专学校农业机械化专业，毕业后被分配到云南省迪庆藏族自治州香格里拉县东旺乡担任小学教师。1999—2003 年，黄兴艳老师担任东旺乡"一师一校"教学点驻村教师。当地村寨位置偏僻，仅有 11 户村民，全部都是藏族，学校只有一至三年级共 11 名学生。黄兴艳老师于 2004 年调任香格里拉县红旗小学（现为香格里拉市红旗小学），担任数学教师至今。其间她所带班级学生的数学平均分在全州统测中名列第一名，她先后被评为州级先进教育工作者和县级优秀教师。

作为第一批培训学员，黄兴艳老师在 2017 年和 2018 年先后参加了第一期和第二期"西藏与四省藏族地区小学数学教研员和骨干教师培训"。虽然黄兴艳老师已经接近退休年龄，从高海拔地区来到杭州培训，身体承受了很大的压力，但是她在培训过程中没有放松对自己的要求，也没有缺席过一节课。第二期培训要求学员进行说课与现场讲课，对学员的要求非常严格，但是黄兴艳老师没有因为年龄和身体的原因提出额外要求，而是像其他年轻学员一样，一遍遍地打磨自己的说课稿、讲课稿，并与培训专家进行反复交流，高质量地完成了培训任务。在最后的汇报课中，黄兴艳老师将自己在培训中学习到的理念应用到教学实践中，得到了在场专家的一致好评。

二、培训感悟与思考

在第二期培训过程中，黄兴艳老师将自己的感悟和思考与我们进行了交流。笔者对黄兴艳老师的感悟与思考进行了归纳整理：

教学不能急于求成，应当关注学生的理解过程。培训以前，我的教学方式一般都是先简单地备课，然后上课。如果学生在课上学不会，那就再讲第二遍甚至第三遍、第四遍。课堂教学主要以练习为主，通过练习提高学生做题的正确率。比如，在进行应用题教学时，我一般是要求学生反复地读题目，把问题表述细读两遍以上再做题。同时，辅以大量的练习，让学生在练习过程中逐渐学会解题。一般来说，教室里40多名学生，有20名学生学会了，我就觉得差不多完成任务了。

在这次培训中，专家详细地和我们进行交流，手把手地指导我们如何上课。这些专家引导学生细致地分析问题解决过程的做法，对我影响很大。他们的课堂教学思路让我非常惊讶：原来数学课可以上得这么好。反观我之前的教学方式，效率过于低下。

经过培训，我现在反思，学生不会做应用题，很大程度上是因为教师太急于求成，过于追求大量练习，并没有引导学生把问题解决的过程梳理清楚。我没有像培训中的专家那样引导学生梳理相关内容，如问题中的主角是谁？有几个主角？这些主角之间有没有关系？等等。

同时，要让学生成为课堂中真正的主角。经过这次培训，我觉得以前做的无用功太多了。老师每天花大量的时间讲课，一直灌输，学生花很多的时间听课，大量练习。每天，老师和学生都很累，但是最终结果并不理想，学生的数学学习成绩和理解能力没有得到明显提高。如果能够把课堂时间还给学生，让学生学习有主动性，让他们有所收获，他们可能也不会觉得累，同时老师也能更有成就感。

因此，在培训之后，我开始注重在教学中引导学生发言，挖掘学生的想法，主要就是尽量少讲，让学生多讲，多给学生一些思考的时间。特别是对于作业的讲解，以前主要是我自己讲，让学生回答。培训后，我就找一些成绩比较优秀的学生来讲，然后问其他学生有没有补充。

但是，课堂上学生之间的交流比较难以实施。很多时候，学生相互交流的效果并不理想，因为学生不知道怎么交流，导致交流效率很低，最终得不出有意义的结果。尽管如此，我还是没有放弃，坚持慢慢地尝试。

虽然这样会导致进度很慢，对期末考试成绩会产生一些影响，但是不管期末考试成绩怎么样，我觉得培养学生的独立思考能力最为重要。因为我们那里很普遍的一种情况就是，学生上课时就沉默地坐在那里听讲，但是实际上什么也没思考，什么也没有学会。下课之后，学生跑得比猴子还快，有时我想单独辅导一下那些学不会的学生，但是根本找不到人。如果老师一直不停地讲，而学生没有思考，那么学生在课堂上根本听不懂，很多时候我们就是在做无用功。

课堂教学质量的提高在于"钻研"。参加培训之后，我就开始琢磨教学过程和教学方法，我发现要想提高课堂教学质量，教师必须在备课上下功夫，提高课堂效率。

比如，以前往往是专家研究好的教学设计，我们直接拿来用在自己的课堂上。我原来认为人家都是专家，都是经过专门研究之后做出的教案，肯定可以直接用，还需要我们自己费脑子再去研究吗？现在我觉得在某些环节上，别人的方法可能真的不适用。对于我们自己的学生而言，用其他方法可能会更好一点。通过这次培训，我在看别人的教学设计的时候，会有一点自己的想法了。

培训后，我经常反思，我们每天都在抱怨学生不思考，但实际上有时候我们老师也不思考。我以前都是把别人的教案拿来就用，很少思考别人的教案是否适合自己的学生。现在想想，如果一个老师不爱思考，怎么能教出爱思考的学生呢？如果老师都不爱学习，怎么能期待学生喜爱学习？

小学教育要关注学生的长远发展。在这次培训中，专家教师传递的理念，让我回想起我们那边有一种现象：很多小学成绩不错的学生升入初中以后成绩出现大幅度下滑。初中老师经常抱怨，学生已经被小学老师"榨干"了，没有发展性了。我之前一直无法理解这种现象，经过这次培训，我逐渐认识到了这一现象出现的原因：小学老师过于强调让学生记住一些知识，专门训练学生做试卷。因为小学考试试卷的题型是固定的，小学老师有了几年教学经验之后，基本可以掌握哪些内容是考点。这样在教学时，教师往往过于注重对考试内容的训练，在高强度的训练下，能力不高的学生有时也能考到 90 多分。实际上，这些学生的数学思维没有得到充分的发展，远达不到相应的水平。

上面所说的这种现象是非常可怕的。试想，如果教师被功利蒙蔽了双眼，过于关注和研究如何训练可以使学生获得高分，就没有时间也没有动力去研究教法、研究学生了。高强度的考试训练对小学生消耗很大，一部分学生虽然在小学可以考到 100 分，但是到了初中、高中，却无法适应难度更大的数学学习，发展潜力反而还不及小学期间考 80 分的那些学生，这将是小学教育的悲哀。经过这次培训，我更加坚定了促进学生长远发展的理念，不要在小学阶段过分追求练习和考试分数，而是应当更加关注学生的学习态度，以及对学生的学习能力的培养，让学生学会思考。

三、结语

培训活动虽然结束了，但是黄兴艳老师的思考并没有停止，她仍然在继续探索如何能够带动更多民族地区的老师应用新的教学理念与教学方法，进一步促进民族地区教学水平的提高。我们期待在后续的培训中能够涌现出更多像黄兴艳老师一样的民族地区教师，投身民族地区教学改革，促进我国民族地区教育事业的繁荣发展。

（本文发表于《中国民族教育》2019 年第 6 期）

面向民族地区实施精准培训的认识与实践
——以"三区三州"中小学数学教师"1+1+3"培训计划为例

孙晓天　何　伟

自 2017 年 9 月起，教育部民族教育发展中心与中央民族大学少数民族数学与理科教育重点研究基地联合推进了"1+1+3"民族地区数学教研员和骨干教师培训计划（以下简称"1+1+3"培训计划），即"1 年以概念教学为主题的集中培训"+"1 年以诊断教学为主题的集中培训"+"3 年以课题研究等为主要抓手进行行动研究和跟踪指导"的形式，将明确教学目标、强化教学技能和提升教研水平融于一体，持续拓展学员主动参与的空间，针对民族地区数学教学方面的弱项实施精准培训。目前，这个计划正在进行之中。本文是根据已经取得的进展所做的分析与思考。

一、精准培训的内涵

（一）精准确定培训对象

我国已有比较完备的四级教师培训体系，因此民族地区的教师并不缺少培训机会，而是缺少面向民族地区特殊需要的有针对性的精准培训。"1+1+3"培训计划就是为弥补大规模系统培训的不足，专门面向"三区三州"开展的精准培训计划。这个培训以"三区三州"的中小学数学教师为对象，以培养中小学数学教学带头人为目标，由"三区三州"每个县各选派 1 名数学教研员和 1 名数学骨干教师参加。教研员是一个地方数学教学工作的"领头羊",骨干教师是一所学校数学教学发展的带头人,通过这种方式选择培训对象,虽然有机会参与的人不会很多,但可以在提升学员个人教研修为的同时,超越其他培训渠道现有的功能,起到以点带面的作用。

(二) 精准组建培训团队

国家对民族地区的教师培训非常重视,民族地区教师参与各种培训的机会很多。不过从实施情况看,很多培训是不问需求的"菜单式"培训,所以或多或少地存在"手榴弹打跳蚤"的现象,例如,虽然培训专家的水平都很高、讲的内容也都很重要,可往往与学员的现实需要不对位,所以学员在"三区三州"民族地区日常教学工作中遇到的具体问题和存在的困惑,有时难以从这些声势浩大的培训中找到答案。

为了避免学员产生倦怠,提高培训的吸引力,增进培训效果,"1+1+3"培训计划在培训团队的选择上,一是大大压缩了大学和研究院所专家教授的授课空间,在每期培训中一般只安排一两次;二是以内地集"教、研、编"于一身,理念先进、经验丰富的教研员和一线教师为主组建培训团队。团队的每一个人不仅教研经验丰富,而且都有参与教育部审查通过的中小学数学教材的编写经验,其中 80% 为特级教师,50% 为正高级特级教师,像吴正宪(中国教育学会小学数学教学专业委员会理事长、国家督学)、张天孝(浙江省功勋教师)等都在这个团队中。他们不仅是数学教学的顶尖好手,而且都有代表性的数学教学研究成果,其中部分人还有过到新疆、西藏支教的经验。作为培训团队的主角,他们在培训中都能做到"知教师之所知,想教师之所想",能根据不同的培训内容,选择恰当的培训方式,与学员之间的互动特别流畅。"1+1+3"培训计划基本消除了教师培训中常见的倦怠现象,这与这个培训团队的组成关系很大。

(三) 精准确定培训形式

除一两次"高大上"的报告之外,"1+1+3"培训计划主要是通过以下几种形式进行的:一是 80% 以上的培训课程是以课堂教学现场开篇,现场课的内容与某一个培训主题关联,由培训者亲自为中小学生执教授课。课后,主讲教师通过介绍自己的教学设计理念,以及这节课中与培训主题有关的经验和体会,与学员互动研讨,为学员释疑解惑。二是每期培训都要组织学员参加一次水平较高的国内数学教育学术活动或在国内举办的国际性数学教育学术活动。目前,学员已经参加过的活动有"中国·荷兰现实数学教育高峰论坛""中国中小学数学峰会"等。来自"三区三州"的学员很难有机会参加这个层次的学术研讨,"1+1+3"培训计划为他们亲身感受国际国内数学教育的风云激荡、了解数学教育的热点和未来发展提供了条件,以及一个难得的增长见识、开拓视野的机会。三是到培训所在地的优质校进行现场调研、听课、议课,就具体的教学问题与当地的教师开展面对面交流。四是帮助每个学员"磨"出一节好课。在"1 年以诊断教学为主题的集中培训"阶段,学员要在内地的优质学校开展一周左右的教学诊断活动。在自行设计好的教学案例的基础上,学员要通过说课、试讲、重新设计、公开展示等环节,在培训过程中完成一节属于自己的好课,并初步形成一份完整的、经过教学诊断专家组认定的教学案例。该案例要达到经过实际教学检验之后可以发表的水平。五是培训期间,每两天要利用一个晚上的时间围绕已经完成的培训内容,由培训团队统一组织,开展学员之间的互动研讨,消化、吸收和分享培训成果。六是每天根据培训内容布置相关作业,并通过微信回收作业,实现全体共享。七是通过建立培训班微信群,开展"读一本好书"活动。这里的"好书"是指经专家推荐的数学教师必读书目。通过这种方式,培训之后分散在"三区三州"各地的学员能通过共读一本书,保持培训期间形成的学习劲头。这种短期培训的效果与学员的发展和日常工作联系在一起,有助于他们养成持续学习和求索的习惯。

对于每一期培训来说,上述几种形式都是可重复的,这几种形式融会在一起,就是一种精准培训的新形式,而采用单独一种或几种形式则难以取得同样的效果。这几种密度和强度都不小的培训形式组合在一起,有助于培训学员始终沉浸在昂扬的氛围里,即使有压力也会乐在其中。

(四)精准选择培训内容

形式精准固然重要,相比之下,培训内容的精准与培训质量的关系更大。围绕"三区三州"数学教学的现实状况,经过反复研讨与不断调整,"1+1+3"培训计划确定了以概念教学为唯一的培训内容。

之所以以概念教学为主题,一个重要的原因是我们在以往的调研中发现,一些教师对概念教学的内涵与意义的理解含混,从教学角度而言,这是影响民族地区学生数学学业质量的一个重要原因。一方面,数学本身就是一个概念的体系，每一个概念差不多都能在中小学数学课程内容中看到影子；另一方面，在许多民族地区的数学教学中，概念已经被异化为考试的对象了，围绕概念的教学往往主张死记硬背和机械训练，数学应有的学科意义很难得到体现。"1+1+3"培训计划着眼于数学概念的形成过程，瞄准数学概念与中小学生熟悉的现实生活的关系，着力挖掘数学概念具有的教育意义，并在此基础上分析数学方法和技能的要点。于是，所有的培训课程都沿着概念教学这条主线展开，围绕教学实践中的重点和难点问题进行细致安排；所有的讲座都从实际的课堂教学开始，以弄清与数学概念有关的基本问题为主，每节课后，以主讲教师与培训学员之间的互动为基本形式，帮助学员从理论与实践结合的层面，丰富对数学概念教学的理解和把握。

二、培训的具体进展

（一）小学

2017 年以来，"1+1+3"培训计划中的第一次培训已经实现了对"三区三州"的全覆盖；"1 年以诊断教学为主题的集中培训"部分在 2019 年完成全覆盖；已经有 40 多名参加过"1 年以诊断教学为主题的集中培训"的"三区三州"小学数学教师第一次在期刊杂志上正式发表了自己的教学案例与反思，其中有几名是藏族教师。

（二）初中

2018 年以来，"三区三州"已经有 1/3 左右的县参加了"1+1+3"培训计划中的第一次培训，"1 年以诊断教学为主题的集中培训"尚未开展。"3 年以课题研究等为主要抓手进行行动研究和跟踪指导"后续将逐步启动。

三、问题与思考

（一）"三区三州"的教育行政部门要重视培训活动

"三区三州"的每个县只有一两个培训名额，可以说这次培训是一次难得的机会。然而，在个别地方，培训名额似乎成了一份"旅游资源"，每次培训都会有一些与数学教学不沾边的人来参加,有时候这一比例还很高。因为与数学无关,这部分人自然对培训没有兴趣,甚至理直气壮地认为到内地培训就是来"放松"的,弄得培训组织者管也不是,不管也不是,宝贵的培训资源就这么流失了。这对"1+1+3"培训计划的影响是,由于"+1"阶段这些人肯定不会再来,所以"1+1"两个阶段的人数逐渐递减。表面上看小学的培训已经覆盖了"三区三州",由于有这些人的存在,实际上还留了不少空白。

从这件"小事"看,一个立意再好的培训,都只是提高"三区三州"数学教师水平的客观因素或辅助因素,都是外因,"三区三州"要改善教育现状,解决"内因"方面的问题更重要。就"三区三州"的教育行政部门而言,认清教师培训工作的意义,珍惜来之不易的培训资源,意义更大。

(二)后续跟进措施尚需完善

在"1+1+3"培训计划中,"+1"是对第一次培训效果的跟踪与检验,"+3"的意义在于夯实精准培训的效果,并借此深入探究"精准"培训的一般工作机制。因此,持续跟进应当是"精准"培训的特色和必然要求。虽然该计划的设计初衷可以保证计划中的每一步都能产生相对独立的价值和意义,但缺少持续的跟进,精准的意义肯定会大打折扣。这也是国家打赢脱贫攻坚战的制胜法宝——精准扶贫提供的成熟经验。从目前的情况来看,持续跟进需要的人员、经费等能够得到阶段性的保障,但还没有建立起一个长周期的持续性保障机制。

(三)应考虑扩大培训范围

民族地区的学科弱势体现在理科上,理科的"龙头"是数学。对整个民族地区的教师培训工作而言,数学教师的培训质量具有"牵一发而动全身"的作用。从目前的情况来看,"1+1+3"培训计划在形式、内容等方面与教育部以及各省(自治区、直辖市)教师教育系统开展的培训之间形成了良性互补,具有针对民族地区教师开展有针对性的培训的特色,而且在组织、实施等各方面都积累了有益的经验。特别是教育部民族教育发展中心指挥得力、措施到位,中央民族大学与专业培训团队之间配合协调、对接流畅。基于此,可否根据国家基础教育质量监测结果,对"三区三州"以外的监测结果在整体中处于下游的民族区域,都按"1+1+3"培训计划"照方抓药",为那里的数学教育开一个"小灶"？之所以提出这样的建议，是因为研究已经表明如果教师没有大的改变，无论国家在其他方面的投入有多大，都很难实现提高民族地区学生学业质量的预期。

（本文载于《第二届全国民族教育专家委员会成立大会论文集》，

2020 年 8 月）

促进思维发展，激发创新意识

姜荣富

很荣幸，浙江省新思维教育科学研究院从 2017 年起连续三年参与了"三区三州"的教师培训工作。2017 年，有 36 名老师参加，他们和我们结下了深厚的情谊，其中的 25 名老师于 2018 年选择再一次赴杭州参加地州班，同年又开设了县区班，有 109 位新老师加入了培训队伍。2019 年，102 位老师完成了第三期培训。下面围绕"使命感、责任感、成就感、紧迫感"四个关键词，说一说我们的工作，谈一谈我们的体会。

一是使命感。大家都知道，"脱贫攻坚"是国家在做的一件大事，各级政府都在做精准扶贫和对口支援的工作。之前，我们主要是从新闻媒体了解这些事情，是作为旁观者在关注。2017 年，我们有机会参与"西藏与四省藏族地区小学数学教研员和骨干教师培训"，从旁观者转变为参与者。能为贫困地区的老师提供帮助与支持，为整体提升我国的教育质量奉献微薄的力量，我们感到十分光荣。我们做这件事情的感受是充满了热情与激情。

二是责任感。这项工作是在教育部民族教育发展中心的指导下进行的，中央民族大学少数民族数学与理科教育重点研究基地设计了整体的培训方案，浙江省新思维教育科学研究院主要负责方案的具体实施。教育部民族教育发展中心的领导郭岩主任、卢胜华副主任等出席了开班仪式，中央民族大学少数民族数学与理科教育重点研究基地的孙晓天教授、何伟教授等亲临现场指导项目实施，并且亲自给学员授课。领导的关心和重视、专家的指导和帮助，坚定了我们做好这个项目的信心和决心。每年，我们都把这项培训工作列为单位的五件大事之一，举全院之力来做这件事情。

借此机会，我也简单地介绍一下我们的单位——浙江省新思维教育科学研究院。浙江省新思维教育科学研究院是在浙江省民政厅注册成立的民办非企教育研究机构，地处杭州市上城区。上城区有非常厚重的历史文化积淀，教育整体水平处在浙江省的前列，有许多名校和一大批名师。我们单位的主要工作是课程研发、教师培训和教学研究。

单位的领军人物张天孝老师是浙江省功勋教师、特级教师，从事小学数学教育研究已经六十余年。张老师创造了小学生数学思维能力培养的课程新体系和教学新方法，对中国的数学教育改革做出了独特的贡献。张老师"不为生活而研究，而为研究而生活"，是"扎根中国大地办教育"的代表人物。张老师说："一个人，一辈子，一件事。""成功并没有什么秘诀，只是用一辈子时间而已。"为了传承张老师的数学教育思想，政府投资建设了"张天孝小学数学教育博物馆"，许多参观者都会被张老师心无旁骛、锲而不舍、不断创新的研究精神感动。一位藏族地区学员参观了博物馆之后这样写道："张老师能用一生的心血来做一件事，这难道不是对数学的热爱吗？张老师热爱数学，热爱教育，热爱与学生在一起的时光。正是这份发自内心的热爱，让我感到从事教学这份工作是无比幸福和快乐的，这真是人生中的一大幸事！"

虽然张老师已经80多岁高龄，但他还亲自给每个藏族地区培训班的学员上课，和藏族地区的学员结下了深情厚谊。在我们布置博物馆的时候，张老师亲自挑选了一张和学员在一起的照片挂在办公室门口最醒目的地方。张老师对这次会议也很关注，由于年事已高，加上疫情防控的需要，我们没有请他亲自到会场，他以视频的方式参与了会议的交流。张老师这样说：

> 浙江省新思维教育科学研究院主要从事儿童数学教育研究，数十年来一直在小学数学领域摸爬滚打，在儿童数学学习内容的组织、学习任务的设计，以及教学中如何着力培养学生的认知能力、促进思维发展、激发创新意识等方面，进行了一系列的实验和研究。2017年开始，浙江省新思维教育科学研究院连续三年配合中央民族大学少数民族数学与理科教育重点研究基地参与了"三区三州"小学数学教学、教研员和小学数学骨干教师的培训。浙江省新思维教育科学研究院的几位研究员参与了培训方案的设计、课程安排以及指导教师队伍的组织，派出了班主任、管理人员、几位主要研究人员做了多次讲座，与学员面对面地交流，开展了典型课例的研究，指导学员进行教学设计、课堂展示、撰写

文稿。集中培训结束后，建立了微信群，经常与学员交流，探讨一些数学教育问题，我们将继续为教师专业成长助力。

张老师长期研究小学数学教学的成果，这些成果凝聚在由他主编的《新思维数学》中。这是一套由教育部教材审定委员会审查通过的义务教育实验教材，在全国 20 多个省（自治区、直辖市）的实验学校使用。在组织编写教材的过程中，张老师培养了一个独特的研究团队，这个团队以紧密与松散相结合的方式组成。团队成员有 7 名编委成员、5 名特级教师、3 名正高级教师、1名功勋教师。这么多志趣相同的人集中在一起，据我所知，这在全国可能是独一无二的。有长期的研究作为基础和积淀，有编写教材的任务的驱动，使得团队成员对小学数学有了比较系统和深入的理解，对教师专业发展的成长路径有了比较一致的认知。有长期的积淀作为基础，有系统的研究作为支持，再加上团队协作的力量，为提高培训质量提供了重要保证。

我们在培训课程的设置上，按照培训计划的整体要求，结合我们的资源优势，做到了学术理性与实践取向的合理搭配。特别是利用资源优势，安排"三区三州"的老师参加高端的学术盛会。从 2010 年起，我们连续十年举办了小学数学教育峰会。"三区三州"的老师分别参加了第八届、第九届和第十届峰会。峰会不仅规模盛大，学术的规格也很高。我们请到的都是国内外一流的专家学者、著名的特级教师。第八届峰会有来自荷兰乌得勒支大学弗赖登塔尔研究所的赫维尔·潘惠岑（M. van den Heuvel-Panhuizen）教授，第九届峰会有来自中国的华东师范大学亚洲数学教育中心的范良火教授，第十届峰会有美国芝加哥大学的扎尔曼·尤西斯金（Z. Usiskin）教授，等等。高端的学术盛会拓展了老师的学术视野，让他们体会到小学数学值得我们投入更多的精力去深入地研究。每年的峰会，只要有藏族地区班的学员参与，我们都会把前排的位置留给他们。

三是成就感。一分耕耘，一分收获。我们的成就感来自领导和专家的鼓励，以及学员实实在在的收获和成长。2019 年 11 月 1 日，在杭州胜利实验学校举行的第十届小学数学教育峰会结业仪式上，赵建武副主任对我们的培训工作给予了充分的肯定。有学员代表是这样说的：

> 通过这些天的学习，我从中学到了很多，不仅拓宽了我的视野，还丰富了我的实践经验，更让我的思想得到了升华，使我对小学数学教学有了新的认识，自己更加热衷于教育事业。今后，我会更加努力地学

习，为教育事业贡献自己的一份力量。

如果用数据来说话，三年的教师培训，学员执教公开课 62 节次，观摩优质课 108 节次。我们指导学员在《小学教学设计》杂志上发表教学案例 48 篇，孙晓天教授亲自作序。这些文章都是导师与学员合作完成的，几易其稿，有的甚至修改多达 20 余次。这些文章的发表，把学员带上了研究之路，也增强了他们做好教学工作的信心。

四是紧迫感。"三区三州"贫困地区的教师培训意义重大、任重道远。有学员说：

> 如果教一遍不会，再教第二遍，还不会，再教第三遍。无论怎么讲，孩子们就是沉默地坐着，却始终听不进去。

这是他们在教学中遇到的困境。导师说："我们认为是教学的常识，可他们却都不知道。"我们认为"三区三州"的教师培训和其他的培训很不一样，在和藏族地区的老师一起讨论交流时，总是充满惊喜与感动，常常会在不经意间给我们的心里带来一股暖流。他们是一粒粒种子，扎根在祖国最需要的地方；他们离北京很远，参加一次培训非常不容易；他们的任务很重，迫切需要专业成长的支持。希望这样的培训能继续坚持下去，让老师受益更多，让更多老师受益。感恩的心，感谢有你！帮助他们，是我们的职责所在，我们义不容辞。谢谢大家！

以数学与民族地区的孩子为主题——2018 年"三区三州"小学数学教研员和骨干教师培训有感

侯慧颖

2018 年 5 月 14—24 日,"三区三州"小学数学教研员和骨干教师培训在北京举行。这次培训是在教育部民族教育司的指导下,由教育部民族教育发展中心与中央民族大学少数民族数学与理科教育重点研究基地合作举办,具体培训事宜由教育部北京师范大学基础教育课程研究中心数学工作室承办。本次培训沿着精准培训的思路,以应对"三区三州"小学数学教学面临的主要问题为主旨,以概念教学为主题,以提升小学数学教师的学科素养和教学能力为目标,围绕更新教育理念、增强教研意识、丰富教学技能、深入了解学生等方面的内容,开展了十天紧张、热烈、有序且令人难忘的培训活动,"精准"成为活动全程的关键词。

一、精准确定组织方式——沉浸式培训体验

活动伊始,活动组委会对参加培训的教研员和老师进行了调研,请大家写出自己在日常教研和教学中存在的问题与困惑。来自新疆的一名一线骨干教师这样写道:

> 学生的基础较差……讲授的知识,学生无法全面地理解和掌握,怎样提高课堂教学的实效性,如何培养学困生的学习兴趣?我特别希望有名师能指导一下我们的课堂教学,或者能提供一些相关的课堂教学实录,供我们参考学习……

　　基于老师的问题和困惑，本次培训一改过去的以专家学者的长篇大论为主的讲座形式，采取了以"现场研讨课+主题讲座"为主的培训形式，为了让学员在培训的过程中能回归真实的课堂环境，培训活动分为两个阶段进行，并分别设置了两个主场。第一阶段（5月14—18日），学员在素有"北京魔法学校"之称、年轻且现代感十足的北京市海淀区中关村第三小学培训学习，走进中关村第三小学课堂，与中关村第三小学的师生零距离接触。第二阶段（5月19—24日），来到习近平总书记视察过的有一百多年悠久历史且民族特色鲜明的北京市海淀区民族小学，与这里的老师一起听课、上课、学习。10天时间，学员的学习完全在这两所学校进行，这种沉浸式的培训体验，不仅使学员了解了北京不同学校独特的校园文化、办学特色和学校建设方略，也成了活动的重要组成部分，丰富了本次培训目标的内涵。

二、精准确定培训内容——概念教学主题研修

　　说到民族地区的小学数学教学面临着哪些挑战，"概念教学"肯定是其中之一。针对如何提高教师对概念教学的重视程度，如何提升教师的概念教学的能力，本次培训精选了12个主题的典型课例，如数的认识、数的运算、式与方程、正反比例、图形的认识、图形与位置、数据统计活动初步、常见的统计量、综合实践活动等，覆盖了小学阶段所有领域的重要核心概念，由主讲人亲自为小学生现场授课，课后与培训学员现场互动，根据学员提出的问题并结合本节课的教学内容开展学术讲座，12节现场课、17个与现场课紧密结合的专题讲座构成了一个完整的概念教学培训单元（表1，表2）。

表1　"三区三州"小学数学教研员和骨干教师培训概念教学研讨课例

年级	数与代数	图形与几何	统计与概率	综合与实践
二年级		认识角	评选吉祥物	
三年级	分数的初步认识			搭配中的学问
四年级	小数的意义 字母表示数 等量关系		平均数	
五年级	百分数的意义	方向与位置		
六年级	比的认识 变化的量			

表2　"三区三州"小学数学教研员和骨干教师培训概念教学专题讲座

角度	专题讲座内容
教师专业成长	教师的幸福感——教师如何在专业成长中获得幸福感 少数民族教师成长道路上的挑战及其应对
学生学习研究	关注学习起点，从儿童视角看空间观念的发展 用学生的经验与好奇引领概念学习 主动把握学情，促进学生思维的真实碰撞——概念教学中学生困难典例剖析 如何帮助儿童理解数学概念 基于学生核心素养的学业质量测评 了解学生学习数学的途径与方法 和而不同，快乐成长
课程与教学	把新知和旧知串在一个花环上 概念教学的实践与思考 关于如何开展概念教学的课程依据 数学之魅，魅在理性 经历过程，自主建构——例谈概念学习的路径与策略 借助直观模型，促进学生思维品质的发展 如何通过有效活动帮助学生认识分数 参与式教学的基本思路和方法

　　这种具有整体视角的培训内容设计，不仅为实现精准培训目标提供了强有力的支撑，而且有助于弥补传统的教师培训模式缺乏针对性的不足，培训内容的丰富性、针对性等多方面因素的相互融合，形成了推动小学数学教师学科素养和教学能力提升的合力，也为民族地区有针对性地开展学科教师培训探索出了一条新路。

三、精准组建培训者团队——建立豪华的"培训天团"

　　本次培训活动中，组委会以大学教授、正高级/特级小学数学教师为主体，组建了一个水平在全国顶尖的培训者团队。在主讲教师中，有义务教育数学课程标准研制组和修订组的核心成员，有教育部审定通过的义务教育数学教科书的主编，有首批国家级课程改革实验区的教研员，有全国著名的数学特级教师，有具有数学学科背景的名校长，有专门从事小学数学教育研究的大学教授，几乎涵盖了北京地区乃至全国在教师教育、小学数学教学领域颇具影响力的一批专家和一线实践工作者。他们结合具体内容，亲自上课，然后介绍自己针对概念教学的思考，与民族地区的老师零距离对话，呈现了极具感染力的培训内容，取得了较好的效果。

芦咏莉老师是儿童心理学专业博士、博士生导师、北京第二实验小学校长。她以"教师的幸福感"为题，建议所有学员"以爱育爱，做一个大写的人，和学生一起做最好的自己，而不要把生命浪费在狭隘的知识观中……"刘可钦老师是数学特级教师、正高级教师、北京市海淀区中关村第三小学校长，是全国五一劳动奖章获得者、全国劳动模范。她认为"孩子的思考方式丰富多彩，具有独特的创造性，教师应该鼓励孩子探索、发现，引导孩子说出自己的想法，这样才能够遇见更真实的孩子"。吴正宪老师是全国人大代表、国家督学、北京教育科学研究院儿童数学教育研究所所长、中国教育学会小学数学教学专业委员会理事长、著名的数学特级教师。她说："我是蒙古族，我非常高兴有这样的机会可以和'三区三州'的老师一起研究如何开展概念教学，共同为改进'三区三州'的小学数学教育教学做一点事……"吴正宪老师执教的研讨课"比的认识"凸显了比的现实价值以及本质意义，既易于理解又生动有趣，主题讲座"如何帮助儿童理解数学概念"更是既有深度又有广度。吴正宪老师和学员共同讨论了怎样尊重孩子，如何理解孩子的认知方式和水平，如何在课堂教学中为儿童提供机会，让老师们感觉豁然开朗。

四、精准做好组织工作——有序组织、细致服务

即使方式精准、主题和内容精准、培训专家的选择适当，如果没有有序的组织，培训效果也难免会打折扣。所以，本次活动在组织管理上也尽可能地做到"精准"。例如，以每日的"一题一问"的方式全方位了解学员对数学教育教学的认知现状、发现学员有哪些困惑和有怎样的培训需求。为了让来自不同地区和学校的学员多交流、多沟通，我们把学员打散、交叉分组，让来自不同地区的不同民族学员组成学习小组。

短短的10天里，这些小组气氛和谐、交流融洽，每一个小组都结为一个紧密的新型学习型组织。学员对培训的预期、对教学情况的反馈，学员自身的收获与困惑、遇到的问题等方面的信息，每天都能够以组为单位得到反馈。不仅学员遇到的问题能够及时得到解决，教学活动中存在的问题也能够及时得到调整，为本次培训的顺利进行提供了保障。来自不同地区、不同民族、操不同

方言的学员和谐相处，紧张并快乐地沉浸于学习活动中，这也是本次培训的收获之一。

10天转瞬即逝，有学员说："美好的5月，相聚在北京，超出期待的培训，幸福的10天。"还有学员说："学习是快乐的，当教师是幸福的，数学是亲切的。"他们的语言非常朴实，但回顾培训的全程，亲历学员10天中的成长与蜕变，在这平实的话语中，我们看到了学员对民族教育的质朴的热爱，看到了他们把培训中的收获与思考转化为对民族教育事业的责任和使命的愿望与行动，还是非常令人欣慰与期待的。欣慰的是培训的效果明显，这批学员返回所在地区后的成长可见；期待的则是能够举办更多这样的活动，服务民族地区数学教师、教研员专业成长，精准提升小学数学教研员、教师的学科素养和教学能力。北京有着得天独厚的名师、名校等资源，我们愿意为民族地区数学教育的发展尽一份绵薄之力。

我们心怀使命与责任

常 娜

2018 年 5 月 14 — 24 日, "三区三州" 小学数学教研员和骨干教师培训在北京举行。5 月 19 — 24 日的第二阶段培训活动安排在北京市海淀区民族小学进行。

北京市海淀区民族小学于 1890 年建校, 至今已有 130 多年的历史。学校提出了 "和而不同, 快乐成长" 的办学理念, 倡导 "学习中华优秀传统文化, 蕴底气; 知晓少数民族文化, 铸和气; 了解世界多元文化, 成大气"[1] 的 "三气精神", 作为开展民族文化教育的指导思想。北京市海淀区民族小学被评为全国教育系统先进集体、全国民族团结进步创建示范单位, 马万成校长获得 "全国民族团结进步模范个人" 荣誉称号。

2014 年 5 月 30 日, 习近平总书记来到北京市海淀区民族小学参加六一庆祝活动, 对学校的教育给予了高度评价, 说道: "海淀区民族小学注重树德育人, 组织开展了很多活动, 取得了积极成效。"[2]

作为北京市海淀区民族小学的老师, 能有幸参与到 "三区三州" 小学数学教研员和骨干教师培训活动之中, 我们备感荣幸, 在交流和学习过程中收获满满, 感悟颇多。

一、有幸参与, 我们心怀使命与责任

习近平总书记一直高度关注少数民族地区的教育发展, 并强调 "要制定激励政策, 吸引更多优秀人才投身民族地区教育事业"[3]。北京市海淀区民族

小学是海淀区唯一的一所民族学校，作为教师的我们深切感受到了自身的责任与使命。我们充分发挥学校的力量帮助民族地区的学校发展教育，多次开展教师交流培训活动。北京市海淀区民族小学先后与新疆和田、乌鲁木齐，内蒙古通辽，云南芒市，四川玉树等地的多所少数民族学校结为手拉手学校，并将每年开展爱心义卖综合实践活动的所得款项捐献给少数民族学校。

北京市海淀区民族小学一直践行民族团结教育，曾委派杨海建老师到新疆和田支教一年，王晶副校长代表学校到和田送教下乡，数位优秀教师还走进新疆、内蒙古、贵州等少数民族学校送课，开展支教活动。北京市海淀区民族小学每年还会接待数百位来自少数民族地区的校长和教师到校参观、交流、跟岗培训。

此次"三区三州"小学数学教研员和骨干教师培训活动再次让我们自然地生发出促进民族教育的使命感和责任感。

二、参与其中，我们交流收获与成长

此次培训活动在和谐融洽的氛围中有序展开，最终圆满落幕。

（一）齐心协力，共襄盛事

此次示范培训活动在教育部民族教育司的指导下，由教育部民族教育发展中心、中央民族大学少数民族数学与理科教育重点研究基地合作举办，具体培训事宜由教育部北京师范大学基础教育课程研究中心数学工作室承办。各部门之间相互协作、默契配合，为此次培训的圆满举行奠定了坚实的基础。

（二）精准定位，注重实效

随着筹备工作的逐渐推进，我们对此次培训的意义与价值有了更加深刻的认识。教育部民族教育发展中心基于严谨而深入的实际调研，委托中央民族大学的孙晓天教授、何伟教授领衔搭建示范培训的整体框架，以概念教学为培训主题，围绕更新教育理念、增强教研意识、丰富教学技能、深入了解学生等内容，开展了富有实效的示范培训活动。

"沉浸式"的培训体验，使学员回归真实的课堂环境之中，对北京市海淀区民族小学的校园文化、办学特色等方面也有了深入的了解，丰富了培训的内容。"现场研讨课+主题讲座"的培训方式，从与培训主题相关的课堂教学现场入手，结合课堂展开与培训主题相关的学习和研讨。培训团队的实力非常强大，有国家督学、特级教师、教材主编、数学课程标准研制组负责人、大学教授等，他们既有较高的理论水平，又能俯身到课堂教学实践之中，将理论与实践相融合，他们深入浅出的讲解，让各位学员感觉受益匪浅。

（三）积极筹备，用心筹划

教育部民族教育发展中心对示范培训的高度重视和全力支持，也深深地影响着北京市海淀区民族小学的老师。从校长到教学主管再到每一位一线教师都非常重视，将这次活动作为本学期一项重要活动进行统筹安排，共迎这一盛事。活动中，北京市海淀区民族小学的马万成校长通过讲座，将学校的文化、教学理念以及在教学工作中的各种具体做法、总结的经验毫无保留地与培训学员进行分享。在"概念教学"的培训主题下，北京市海淀区民族小学常娜主任和杨静老师为学员呈现了两节现场研讨课。北京市海淀区民族小学数学团队的老师还为此组建了专题研究小组，从课题选择到教学设计，组织了数次学生调研与教学研讨。在一次次的深入探究中，对于"概念教学"，每一位老师都有了更深层次的理解，并将其所学应用于自己的课堂教学之中。通过此次示范培训，不仅仅是学员，我们每一个参与者都在这个过程中学习并成长着。同时，来自新疆沙雅县第二小学的毛艳丽老师作为培训学员为我们带来了一节精彩的展示课，使我们领略到了不同地区数学老师的不同风采。

孙晓天教授的具有启发性的点评以及学员针对主题进行的热烈讨论，引发了在场每一个人的深入思考。有的学员在笔记中写道："要在课堂教学中真正引导学生思考问题、解决问题，让孩子在静中思，在合作中愉快学习。"还有一名学员将课堂上学习到的教师引导学生思考的语言，以及生生互相启发提问的语言记下来，并且批注"是值得慢慢咀嚼的话语！"学员慢慢咀嚼的不仅仅是这几句话，更多的是他们对教学和课堂的深入思考。

除了课堂观摩和研讨，我们还特别安排学员沿着2014年习近平总书记视察北京市海淀区民族小学时走过的路线进行了参观学习。这样的安排看似与教学无关，却是我们有意而为之。参加培训的学员都是在民族地区深耕教育十年以上的教研员和骨干教师，相信这些学员的内心一定有心怀教育、关爱学生的火种，我们带着他们沿着习近平总书记走过的路线参观，一同感受习近平总书记对教育的殷切希望与嘱托，从而进一步激发他们对教育的执着追求、主动进步的热情。就像第四小组简报中说到的，"在习思堂里，我看到了习近平总书记对全国青少年儿童践行社会主义核心价值观提出的 16 字要求：记住要求、心有榜样、从小做起、接受帮助。感触颇深，学生的成长离不开老师的引导，我们的责任重大，在这几天的学习当中，不光是眼界开阔、理念更新，思考问题也能站在更高的境界，许多疑问得到了解答"。

三、培训结束，我们仍要反思与提升

培训虽然结束了，但是我们一直牵挂着民族地区的这些教师朋友们，也在反思如何能够进一步提升培训效果。

（一）共同参与，促进学校教师与学员教师的深度互动

我们认为在以后的培训中，应该增加学员之间的交流环节，设计一些主题式的小活动，比如，共同参与一些体验式游戏，一起进行一次主题教研、案例分析或者集体备课等，增加学员教师与学校教师之间的深度互动，深化学员的体验，促进双方的交流。

（二）定期反馈，与学员教师建立长期联系

因为拥有一样的教育初心，我们能够相聚在一起，相互学习和交流，共同成长。我们将积极主动地与学员老师以及他们所在的学校建立长期的联系，为培训结束后持续的学习、交流打通联系通道，在学习交流中共同成长。

今后，我们会继续努力，不辱使命，为促进民族地区的教育发展贡献自己的力量。

参考文献

[1] 如何让传统文化"圈粉"小学生[EB/OL]. http://interview.gmw.cn/2019-11/05/content_33295273.htm[2020-10-05].
[2] 习近平在北京市海淀区民族小学主持召开座谈会时的讲话[EB/OL]. http://cpc.people.com.cn/n/2014/0531/c64094-25088947.html[2020-10-05].
[3] 习近平：吸引更多优秀人才投身民族地区教育事业[EB/OL]. http://theory.people.com.cn/n1/2017/0608/c40531-29327570.html[2020-10-05].

播下一颗概念教学的种子

徐德同

"三区三州"教研员和骨干教师常州培训从 2018 年 9 月 18 日开始，到 9 月 28 日结束，前后共 11 天，参加培训的学员主要来自西藏的 7 个地市、74 个县区，以及部分内地西藏初中班（校），共 89 名教研员和初中数学骨干教师。这次培训给"三区三州"教研员和骨干教师深深地打上了常州印记，留下了美好的回忆。

一是得益于定位精准。习近平总书记关于教育脱贫攻坚提出了"扶贫必扶智"[1]的具体要求，"三区三州"是贫困地区，也是集民族地区、边疆地区、革命老区于一体的地区，提升"三区三州"的教育质量成为教育精准扶贫的重要目标。

二是得益于保障有力。教育部民族教育发展中心的领导对此次培训高度重视，在活动筹备阶段亲自把关。在活动举办阶段，教育部民族教育发展中心的领导亲自动员，在活动现场给学员讲培训的意义和目的，让学员明确意识到自身的使命和肩负的职责。我当时也在现场，从动员后老师们凝重和迫切的神情上，我切实感受到了他们的使命感和责任感。对于此次活动，常州市各级领导也大力支持。常州市原副市长、常州市政协原副主席居丽琴同志亲自过问活动的准备工作，并开设第一讲。常州市教育局和常州市教育科学研究院的主要领导多次就此次活动的准备工作、活动流程、生活保障等细节协商研究。德高望重的常州市教育局教研室主任杨裕前全程参与，这是常州培训活动有序、有效开展的基本保障。

三是得益于主题适切。孙晓天老师领衔的团队对"三区三州"理科教学现状、教研现状、教师专业发展中存在的问题进行了充分的实地调查研究。正是基于大量的前期调研，才有可能实现培训的精准引领、精准施策。孙晓天老师和杨裕前老师多次协商搭建培训框架，从理论研究的高度指导培训内容设计，切中了老师们的所需、所求。西藏地区的多吉老师在感悟中写道："本次培训项目以概念教学为核心，通过概念教学基本理论阐释、分模块概念教学分析以及示范课展示、案例分析、研讨交流、问题解答等，从理论到实践、从认识到操作为我们进行了立体的、全方位的、多维度的系统的概念教学的培训，整体课程设计环环相扣、点面结合，为我们构建了一个初中数学概念教学认知体系，既让我们对概念教学的目的、意义有了整体认识，对于概念教学基本原理有了初步感悟，同时对各模块的概念教学方法、教学模式有了基本的把握和深刻感知，同时为我们提供了与专家对话的机会，以补齐大家对于概念教学的一些认知上的短板，我们不虚此行，收获满满。"

像这样的感悟有很多，这说明常州培训是深得人心的，老师们是深有体会的。

我们的设想是：给"三区三州"的教研员和骨干教师种下一颗概念教学的种子，让它们生根、发芽；给"三区三州"的教研员和骨干教师递上一把"金钥匙"，让他们用这把"钥匙"打开概念教学的大门；给"三区三州"的教研员和骨干教师带去一束概念教学的火种，我们相信星星之火可以燎原。

在 11 天和老师们的深度接触、交流、对话和访谈中，我们和藏族地区的老师建立起了高度的信任，直到现在还有老师通过微信发一些教学中的问题来协商，就一些教学资源的使用问题与我们沟通交流，对此我们感到很欣慰。

四是得益于杨裕前老师的学识底蕴。教育部能把这么重要的培训放在常州，我想是缘于常州教育的深厚底蕴。常州是我国初中数学课程改革的发源地之一。20 世纪 80 年代起，以常州市教育局教研室主任杨裕前为首的老一代教育人就开始了初中数学课程与教学改革研究。比如，从 1982 年起开展的"平面几何入门教学研究"，在理论和实践上解决了平面几何入门难的问题，有效地提高了平面几何的教学质量，并在全国 20 多个省市推广研究成果，取得了明显的成效；从 20 世纪 90 年代起开展的"加强知识发生过程，渗透数学思想方法"的研究，注重适度展开教学，把基本的思想融入课程内容，引导学生在学习知识的过程中感悟数学思想。这些时间跨度长、影响范围大的研究，从理论到实践都为 21 世纪初中数学课程改革提供了有力支撑和做了很好的铺垫。正是基于这些研究的影响力，杨裕前老师参与了《义务教育数学课程标准（实

验稿)》的起草和《义务教育数学课程标准（2011 年版）》的修订工作，作为核心成员，他负责编写了课程标准中"平面几何"部分的内容以及体现强调知识发生过程、渗透数学思想方法的代数案例（修订版课标中经典的、初中数学老师津津乐道的零指数幂案例就是出自杨裕前老师之手）。

在这里，我引用张冬老师的一段话："杨裕前老师，76 岁，他参与了培训的全过程，为我们进行了'初中数学概念教学概述''图形与几何部分概念教学''平面几何入门阶段的推理教学''如何结合实际开展教学研究''数学课堂教学的几点建议'五次讲座，展示的不仅是杨老师数学研究的成果，还有其对数学教育的深情。每一次讲座，我的感受都是杨老师努力地把一生积淀的精华浓缩进三个小时的报告之中，更展现了其对数学教育、数学未来发展、西藏教育的希望与期待"。

十多天的培训，参与者不仅从杨裕前老师那里学到了学问，而且学到了做事做人的品格，是一次专业和情感的双升华。

此次常州培训的另一个特点是我们把苏科版初中数学教科书作为培训的重要脚本和依托，杨裕前老师主编的苏科版义务教育教科书《数学》以"生活数学""活动 思考"为主线组织课程内容，注重体现生活与数学的联系，体现数学与其他学科以及社会发展的联系，为学生提供看得到、听得见、感受得到的基本素材；注重创设情境，引导学生在活动中思考、探索，引导学生在"做数学"中主动获取数学知识，促进学生学习方式的改变；注重核心概念的形成过程，渗透基本思想。这套教材得到了课标组专家和多个省市一线老师的高度评价。此次培训中，我们为每一位老师准备了一套苏科版教材，并以苏科版教材为蓝本，指导参训老师研读教材，研究概念教学的基本原理、基本方法。

进入新时代以来，常州教研人并没有停下脚步，在继承、内化杨裕前老师教育思想的基础上，把重点放在了提升课程的品质上，让优质课常态化、让常态课优质化成为其追求。"常州的课"不赶时髦，不固化形式，不摆花架子，坚守"教无定法"的理念，充分发挥教师和学生的临场智慧；"常州的课"既能遵循认知心理学的基本规律，注重教师引领、启发思考，又能从人本心理学出发，突出动手实践、自主探究和合作交流，真正体现学生的主体地位；"常州的课"重视课程理解，让学生在获得知识的过程中领悟并掌握相应的学科方法；"常州的课"聚焦学科本质，注重把从学科中锤炼出来的理性精神转化为学生思维方式，真正实现学科的育人价值，回归学科教育的本真；

"常州的课"是灵动的课，"灵动是常州课的最大特征"，这也是众多评委、专家和老师的评价。

我们对此次常州培训的定位是"培训者培训"。中国基础教育有一个重大特色，那就是独特的教研员机制。教研员在区域教师队伍建设中起着重要的示范、引领、辐射、指导作用。但由于"三区三州"的大部分地区自然环境比较恶劣、交通不便、信息闭塞等，当地的初中数学教研员专业不对口、学科指导能力薄弱等问题突出，还有些县区没有专门的教研员，教学指导工作严重滞后，这些问题一直影响着"三区三州"地区的教学质量。培养一批业务精湛的教研员，对于发展"三区三州"的初中数学教育意义深远。

在这十多天中，通过和老师们的深入接触、交流、对话和访谈，我们对"三区三州"的教研员队伍专业发展情况和骨干教师的教学情况有了初步的了解，我们感觉问题仍然很多。比如，教师的专业知识不足，通过交谈我们了解到少数民族地区尤其是农村地区初中数学教师大多数都没有教学研究的意识，他们的数学专业基础理论知识、教育理论知识、现代教育思想和教育观念与时代的要求脱节（很多教师都没翻看过课标），教育科学研究的意识和能力较弱（有一些老师没有参与过课题研究），专业技能也有待提升。通过交谈，我们了解到少数民族地区尤其是农村地区数学教师指导学生开展实践性、探索性活动的专业技能偏弱，如综合实践这一知识领域的教学，教师很少涉及，有的数学教师直接就不组织教学，问及原因，绝大多数教师表示对于这样的课，不知道如何组织教学。由此可见，教育扶贫工作任重道远。

参考文献

[1] 习近平总书记给"国培计划（2014）"北京师范大学贵州研修班参训教师的回信全文 [EB/OL]. http://www.gov.cn/xinwen/2015-09/09/content_2927778.htm[2020-10-05].

发挥北京的教育资源优势

李　红　潘　宇

北京市第二十二中学是一所历史悠久、底蕴深厚、人才辈出的学校。孙维刚老师是北京市第二十二中学的一位"传奇"教师，他有着自己独特的教育教学理念，他的大循环实验班为国家培养了许多优秀的人才。

作为这所学校的数学教师，能够全程参与民族地区教师培训，我们深感荣幸。教育部的领导、中央民族大学的专家与我校高宇军校长及相关老师共同参与筹备会，会后高校长又多次与老师们沟通相关事宜，为保证培训的顺利进行，大家不断地去调试与改进设备，并在一天之内与150名学员一对一沟通，进行分组，帮助学员解决各种技术上的困难，最后通过大家的努力，线上预备会顺利举行，全员参与。

这次培训的第一个特色就是采用直播的形式全程模拟线下教学，为保证现场课的顺利进行和专家与学员进行顺畅的交流互动，在这个过程中，实现了两套系统的交互使用，教师的研究课是通过创先泰克教育云平台进行直播，这样能够保证画面的清晰度，使观看效果更好；专家讲座通过钉钉平台进行，这样能够实现学员与专家的及时互动。与线下培训相比，这次活动的效果不仅没有受到影响，反而效率更高。在线下的讲座中，专家讲完后只有少数的几位学员能够有机会与其互动，而以直播的形式举办讲座，学员可以打开摄像头与专家进行沟通交流，就像现场互动一样，同时其他想参与的学员可以直接将自己的问题以文字的形式打出来，这样我们在后台可以实时地统计，保证所有想参与的学员都能够参与进来，提高了学习效率。

第二个特色是本次研究课（培训中针对一节课进行授课+研究）充分发挥了北京的教育资源优势，汇集了众多名校的名师，所有的老师都在北京市第二十二中学初中三个年级开展了现场教学,让学员在一节节生动的研究课中领略名师的风采。

第三个特色是以老带新,这次活动也有年轻教师积极参与,北京市第二十二中学张美玲老师在其师傅李红老师的指导下,也承担了研究课。在交流互动环节,李红老师除了对研究课进行分析以外,还与学员分享了培养年轻教师的经验,同时鼓励年轻学员积极思考、不断尝试。

经过五天全脱产的辛苦学习,学员收获颇丰。在结业仪式中,每一位学员都打开摄像头与镜头另一端的领导、专家们挥手问好,通过一页页的画面,看到了老师们的办公环境。发言代表尼玛次仁在海拔 4500 米的高寒边境农牧区与各位老师和其他学员分享他这几天的感受,并表达了其对本次培训的不舍之情。他在这种艰苦的环境中多年坚守在教学岗位并不断学习的精神,深深地打动了我们。

培训虽然结束了,但是我们的联系没有断,虽然我们在不同的地区,但是网络培训的形式让我们有机会共聚一起。我们将之前的学习讨论群保留了下来,这个群就像一个大家庭一样,将我们紧密地联系到一起。前几天,我们在区教研活动中做完研究课,随即将相关内容发到我们的"大家庭"中,让大家及时进行交流和探讨。

作为数学教师,非常庆幸能有这样的一个机会参与其中。参与这样高质量的培训,我们的专业素养得到了提高,在组织活动的过程中锻炼了自己的能力。在整个培训过程中,我们增进了对民族地区的了解,那些教师是我们学习的榜样,希望以后能够多和他们进行沟通与交流。

国际视角下的民族地区教师培训

赵晓燕

2017 年，在杭州，我很荣幸和导师赫维尔-潘惠岑教授一起参与了民族地区的教师培训工作。我将从回顾和反思这两方面汇报自己参与的培训活动。

2017 年，我在荷兰中部的乌得勒支大学（Utrecht University）弗赖登塔尔研究所（Freudenthal Institute）攻读博士学位。弗赖登塔尔（H. Freudenthal）是谁呢？他是著名的荷兰数学家，被誉为 20 世纪后半叶世界上重要的数学教育家。在他的积极倡导和推动之下，现实数学教育（realistic mathematics education）理论逐渐形成。这一理论不仅帮助荷兰顺利平稳地完成了始于 20 世纪 70 年代的数学教育改革，也对世界各国的数学教育产生了广泛而深远的影响。对于我国而言，尤其如此。80 多岁高龄的弗赖登塔尔曾受邀到上海和北京讲学，其中国之行的所思所想被记录于《数学教育再探》（*Revisiting Mathematics Education*）一书中。他的另一著作《作为教育任务的数学》（*Mathematics as an Educational Task*）更是成为我国数学教育工作者的必读书目之一。弗赖登塔尔过世后，围绕现实数学教育理论的工作仍在继续。在孙晓天教授及其团队的努力之下，弗赖登塔尔研究所的第二任所长扬·德·兰格（Jan de Lange）教授、弗赖登塔尔的学术传人赫维尔-潘惠岑教授及其他研究人员先后到中国讲学交流。

在很长的一段时间，赫维尔-潘惠岑教授作为弗赖登塔尔研究所内唯一的一名教授主持工作。她个人的研究长期聚焦于小学数学方向，探索如何将现实数学教育理论融入日常教学和评价活动，以及相关的教师培训工作，成果颇丰。其实，赫维尔-潘惠岑教授最初接到孙晓天教授的邀约时，颇为犹豫，因为论坛的准备和翻译须投入大量时间和精力，与她的计划有些冲突。同时，她强调了这次活动的特别之处：培训会有一批特殊的学员，即来自民族地区的小学数学教研员和教师。赫维尔-潘惠岑教授对我国有这样的专项培训表示钦佩，同时她也非常好奇，民族地区的教师会如何看待现实数学教育理论及其指导下的教学和研究？最终，赫维尔-潘惠岑教授决定接受邀请，并精心挑选培训内容和参与培训的成员。非常幸运，我也能参与其中，一方面汇报现实数学教育理论指导下的课堂评价在中国课堂上的一些探索性研究；另一方面承担培训翻译工作，保障中荷专家、老师之间交流的顺畅。

在 2017 年的杭州培训中，荷兰专家安排的内容可以简单概括为"四个讲座一节课"。首先，赫维尔-潘惠岑教授系统、翔实地介绍了现实数学教育理论的发展过程和核心内容及其在教学中实施的关键。她在阐释理论的过程中，如"情境"的含义、"数学化"的两个过程、现实数学教育的六大原则等，融入了大量荷兰教学和研究实例，深入浅出，帮助培训学员理解。在此基础上，培训的重点落在具体说明现实数学教育这一理论如何与时俱进，以指导当前一线的课堂教学和课堂评价。迈克尔·维尔德赫伊斯（Michiel Veldhuis）博士和我分别从荷兰、中国的课堂出发，具体介绍了相关研究的过程和结论。最后，赫维尔-潘惠岑教授从"绘本"这一独特的情境视角切入，展示了如何借助绘本促进学生数学思维的发展、激发学生的学习兴趣。

尽管四个讲座中都融入了大量的教研实例和图片，但培训学员不免仍会有这样的疑问：现实数学教育指导下的课堂教学究竟是什么样的呢？荷兰的老师究竟会如何上课？根据孙晓天教授的建议和要求，为了使培训落到实处、落在课堂上，让学员有更为全面、立体的感受，这次培训设计了最重要的一个环节：由维尔德赫伊斯博士呈现一节与其讲座直接相关的"常规课"。整节课的设计和准备均在荷兰完成，为了尽可能原汁原味地呈现，课上使用的挂摆和各色小球也是在荷兰测量制作好空运到杭州的。课前培训团队投入了大量的时间和精力，但整节课上，我们发现这位荷兰老师"做"的并不多，他更多的是倾听、观察、语气轻柔地询问或简单帮助。一米八三、金发碧眼的他站在一群中国小学生中并没有多显眼。他"低调"的教学行为与学生们精彩的发言和海报展示形成了鲜明的对比。通过这节课，所有人都更真切地感知到了什么是情境，教师如何在课前精心设计情境为学生提供再创造的机会，如何在课上让学生主动探索，如何从情境中抽象出模型，再利用模型帮助学生学习数学。他们突然明白：现实数学教育指导下的课堂教学原来是这样的。

　　除了维尔德赫伊斯博士的展示课，培训还安排了多节由来自杭州和北京的数学名师展示的研讨课。不同的内容、不同的课型为中荷专家深入交流提供了契机。在研讨过程中，民族地区的老师也积极参与，不仅在会上大胆表达自己的看法，向荷兰专家提问，还在培训中场与赫维尔-潘惠岑教授和维尔德赫伊斯博士交流学习体会。

　　重新审视这次培训活动，从培训的内容和形式上来说，民族地区的老师最直观的感受是：有理、有例、有趣。看似高深的数学教育理论，理解起来并不困难。培训精准地落在教学实践中，不仅在讲座过程中呈现了大量荷兰和中国课堂教学与研究的实例，更由外国教师完整地呈现了荷兰式的授课过程，带给了培训学员全方位的启发和思考。从培训活动的设计和组织层面来看，在孙晓天教授及其团队的努力下，邀请数学教育领域的国际知名学者依据新近、前沿的研究成果设计专项活动，系统阐释植根于荷兰的、对中国数学教育有广泛影响的数学教育理论，让学员能够与国外专家面对面交流、听取原汁原味的讲解。这次活动可以作为一个优秀案例，为相关培训的组织开展提供借鉴。

　　诚然，与我国其他省市，尤其是沿海发达城市相比较，"三区三州"等贫困地区的教师培训有其特殊性，要考虑当地的经济、教育发展的实际水平和民族文化背景等。但我们也要看到，无论在国家还是地区层面，教师培训都有着一致的目标。更重要的是，某些师资弱项和教师培训工作难点，例如，教师对数学内容的理解不够深入、忽视了学生的主体地位、培训难以落到实处、培训的效果难以长期保持等，不仅呈现在民族教师这个群体及其相关工作中，也是其他省市的数学教师，以及其他国家的数学教师共同面临的难题和挑战。因此，在设计民族教师培训活动的过程中，也需要给教师适当提供最新、开放的国际化视角和素材，围绕成熟的理论和前沿的研究成果加以组织。在这一过程中，不仅需要提供丰富的国外教学和研究案例，还要将落脚点置于课堂，真实生动地展示国外课堂教学实践。这样的精准培训也将助力民族地区的教师在"跟跑"的过程中实现"弯道超车"。

　　作为数学教育这一领域年轻的工作者，我为自己能参与到民族教师的培训工作中感到幸运和幸福，也更深刻地意识到这项工作的责任重大。在后续的系列培训中，相信会有更多和我一样的青年教师加入其中，贡献自己的一份绵薄力量。

如何创新培训模式，助力民族地区教研员与骨干教师成长

董连春　何　伟　卓　拉

2017—2020 年，在教育部民族教育发展中心的支持下，我们连续四年分别在杭州、北京、常州开展了 6 期"三区三州"数学教研员和骨干教师示范培训，培训学员覆盖"三区三州"的每个县，共计 556 名学员。

我们开展培训的初衷是解决已有培训模式与民族地区教师需求的脱节问题。近年来，针对民族地区教师的培训越来越多，国家出台了"国培计划"（即"中小学教师国家级培训计划"）、"省培计划"、"援藏援疆万名教师支教计划"等项目，但是民族地区教师的专业成长仍然较为缓慢。一个重要的原因是，以往培训大多参照内地发达地区的培训模式，培训内容缺乏对民族地区文化的充分考量，虽然培训内容都很重要，但往往与民族地区教师的现实需求不对位。

民族地区教师在教学中出现的困惑和诉求往往不同于内地教师，因此广大民族地区教师在日常教学工作中遇到的具体问题和存在的困惑，难以从这些声势浩大的培训过程中找到答案。另外，专家通常是讲完就走，很难与培训学员有良好的沟通。这些问题造成民族地区教师在培训过程中参与程度不高、收获不大、倦怠情绪严重。因此，针对民族地区教研员和骨干教师的培训在形式和内容设计上不能完全照搬内地的经验，需要充分考虑民族地区的教育状况与特点，走一条适合民族地区需求的道路。

我们结合培训开展情况分别撰写了《精准培训助力藏区教师加速成长》《扎根民族地区践行教学改革——记"西藏与四省藏族地区小学数学教研员和

骨干教师培训"优秀学员的思考》两篇论文。本文在以上两篇论文的基础上，进一步讨论我们在民族地区教研员和骨干教师培训方面采取的策略，并分析培训的效果。

一、示范培训的策略与模式

（一）遴选研究型教学专家组建培训专家团队，聚焦一线教研与教学工作

培训专家以经验丰富的教研员和一线教师为主，组成了以"教而优则研"的优秀教研员为主体的教育教学专家团队。例如，北京教育科学研究院基础教育教学研中心小学数学室主任、全国模范教师、特级教师吴正宪，浙江省新思维教育科学研究院院长、浙江省功勋教师张天孝，江苏省中小学荣誉教授、特级教师杨裕前等。这些专家都具有数十年的一线教学经验，都主持或参与过中小学数学教科书的编写，例如，九年义务教育小学《数学》（浙教版）、九年义务教育初中《数学》（苏科版）。同时，这些专家在国外、国内学术刊物发表论文数百篇，出版专著近百部，并开展了多项教学研究，研究成果获全国、省级奖项多项。基于这些实践和研究经验，专家对教材、教学和学生均有深入、准确的理解与把握。

在培训过程中，他们不仅开设讲座，针对教学实践中的重点难点问题进行分析和解读，同时也亲力亲为，现场授课，向学员展示如何将讲座中的思考和理念付诸教学实践，同时在授课后进行教学反思，为学员呈现了教学准备、实施和回顾的完整过程。

（二）打造精品式"研讨工作坊"，聚焦民族地区教学实际

在以往的培训中，由于时间有限，在讲座或者研讨课之后，只有少数几个学员有提问的机会，大部分学员的问题无法得到解答，这几个学员提出的问题往往不具有代表性，无法反映大多数学员的困惑，导致大多数学员关心的问题无法得到回应，极大地限制了专家与学员的互动频次和效果。此外，培训专家更熟悉内地的教学实际与存在的问题，往往对民族地区的一线教学情况缺乏深入了解，在培训中提供的案例与建议等往往对民族地区不适用。

这次培训将这些难点作为重点突破口，量身打造了精品式"研讨工作

坊"。工作坊由中央民族大学少数民族数学与理科教育重点研究基地的教师共同主持，重点围绕学员在教学实践中遇到的困惑与问题开展研讨。讨论的问题不仅包括"如何结合民族地区的现状，更好地培养学生的核心素养"等与新课程改革紧密相关的宏观问题，同时包括"如何补足民族地区学生几何学习能力方面的短板""如何让民族地区的孩子在数学课上大胆开口讲话，更好地参与数学学习"等具体的操作性问题。在工作坊环节，培训专家就学员提出的共性问题进行解答，精准研讨。"研讨工作坊"瞄准民族地区数学学科弱、课堂教学难、专业引领少的短板，精准解决数学教师和教研员在教育教学中的实际困难。这样的模式保证了专家与学员的互动频次和质量，极大地调动了学员的积极性，提高了培训质量。

（三）凝练"1+1+3"培训模式，跟踪和支撑学员的长期发展

文章《扎根民族地区践行教学改革——记"西藏与四省藏族地区小学数学教研员和骨干教师培训"优秀学员的思考》介绍了"1+1+3"民族地区数学教研员和骨干教师培训模式的雏形，即"1年以概念教学为主题的集中培训"+"1年以诊断教学为主题的集中培训"+"3年以课题研究等为主要抓手进行行动研究和跟踪指导"，将集体培训、行动研究、教研活动、成果展示等融于一体。"1年以概念教学为主题的集中培训"+"1年以诊断教学为主题的集中培训"侧重集中培训，定位为小规模、高质量的引领示范性培训，"3年以课题研究等为主要抓手进行行动研究和跟踪指导"侧重结合当地的实际，以建立成长档案、专家到岗指导、开展课题研究、举办教研会等形式加以实施。经过6期培训的开展与探索，我们进一步梳理和总结了"1年以概念教学为主题的集中培训""1年以诊断教学为主题的集中培训"的开展策略。

在"1年以概念教学为主题的集中培训"中，把概念教学作为培训的主题。一个重要原因是我们在以往关于民族地区数学教育现状的调研过程中发现，对概念教学的内涵与意义的理解不清楚，是在教学角度影响民族地区学生数学学业质量的一个重要原因。一方面，数学本身就是一个概念的体系，其中每一个概念差不多都能在中小学数学中找到"基因"；另一方面，在许多民族地区的中小学数学中，概念已经被异化为考试的对象，围绕概念进行的教学往往主张死记硬背和机械训练，中小学数学应有的基础作用很难得以体现。"1年以概念教学为主题的集中培训"是着眼于中小学数学概念的形成过程，瞄准

中小学的数学概念与中小学生熟悉的现实生活的关系，着力挖掘中小学数学概念具有的基础作用，并在此基础上分析中小学数学教学方法和技能的要点。

"1年以诊断教学为主题的集中培训"是在"1年以概念教学为主题的集中培训"完成的一年后，按照"原班人马"与"学有所思"两条原则对学员进行第二轮培训。其中，"原班人马"是指所有参加培训的人员必须是已经参加过第一期"1年以概念教学为主题的集中培训"的学员，不能换人，同时也不接收新学员；"学有所思"是指在过去的一年中，经过培训的教师要在工作岗位上有所思、有实践，围绕第一期学习中的"概念教学"进行一节课堂教学设计，并在自己所在地区面向自己的学生进行实际教学。在此前提下，学员带着对这节课的思考、困惑参加第二轮培训，并在培训过程中进行说课和现场教学。专家分组对学员的说课进行一对一的点评、指导。学员经过精心修改和调整后，在内地小学课堂再次执教这节课，开展"真实授课"活动，在自身实践与互相观摩中进一步转变教育观念，加深对教学内容的理解。

目前，6期培训已完成"1+1"阶段的活动，系统性的培训增进了学员与学员、学员与培训团队之间的情感，因为培训而组建的微信群成为培训结束后继续支持大家开展交流和研讨的平台。学员将平时教学、考试中遇到的问题发到微信群中，大家踊跃讨论，有时也会产生激烈的争论。微信群逐渐成为长期支持学员专业成长和发展的重要手段。由于疫情的原因，原计划2020年开展的"+3"阶段的工作尚未落实。即便如此，前6期培训的效果已经凸显出来。

二、示范培训的效果

（一）教学理念得到改善

《扎根民族地区践行教学改革——记"西藏与四省藏族地区小学数学教研员和骨干教师培训"优秀学员的思考》一文介绍了云南迪庆藏族自治州学员黄兴艳老师在参加了2017年和2018年两期"西藏与四省藏族地区小学数学教研员和骨干教师培训"之后理念的变化。例如，黄兴艳老师提到处理应用题教学难点时，培训前"一般是要求学生反复地读题目，把问题表述细读两遍以上再做题。同时，辅以大量的练习，让学生在练习过程中逐渐学会解题"，经过培训后，逐渐认识到"学生不会做应用题，很大程度上是因为教师太急于求成，过于追求大量练习，并没有引导学生把问题解决的过程梳理清楚"。关于学生主动参与学习方面，黄兴艳老师在培训前"每天花大量的时间讲课，一直灌输，学生花很多的时间听课，大量练习"，但培训后"开始注重在教学中引导学生发言，挖掘学生的想法，主要就是尽量少讲，让学生多讲，多给学生一些思考的时间"。在教学设计与思考方面，培训前，黄兴艳老师认为"以前往往是专家研究好的教学设计，我们直接拿来用在自己的课堂上。我原来认为人家都是专家，都是经过专门研究之后做出的教案，肯定可以直接用，还需要我们自己费脑子再去研究吗？"但是培训后黄兴艳老师开始反思"在某些环节上，别人的方法可能真的不适用。对于我们自己的学生而言，用其他方法可能会更好一点。通过这次培训，我在看别人的教学设计的时候，会有一点自己的想法了"。

黄兴艳老师是众多培训学员的一个代表，她的反思展现出了绝大部分学员在"1年以概念教学为主题的集中培训""1年以诊断教学为主题的集中培训"过程中的真实变化，反映出培训使学员在教学理念上有了更深入的思考。这些反思带动学员在教学实践中尝试做出改变，进而影响身边的同事和老师。

（二）刊发教学论文，自信心得到提高

为了进一步帮助学员提升教学水平，增强教学自信心，我们联系了《小学教学设计》杂志社，开辟专栏，刊发培训学员自己的教学研究成果、理念更新后的教学设计与思考，进一步引领教师的专业成长。每一份教学设计都是参加过这一培训的"三区三州"小学数学教研员和骨干教师在接受培训之后完成的教学案例，且经过了专家组细致的教学诊断和作者教学实践的检验。

截至 2020 年，《小学教学设计》已经刊登数十篇学员的作品，绝大部分学员在这以前从未发表过一篇论文，这样的经历和成果大大激发了学员的积极性和提升了其参与度，促使学员勇于突破自我，在研究性教学的道路上迈出了开创性的一步，为学员的长期发展与成长打下了坚实的基础。

（三）面对挑战、解决问题的信念更加坚定

教师在态度和信念上的变化不是一蹴而就的，靠仅仅几天的培训很难见成效，必须长时间"亲力亲为"地参与、实践，并在实践中进行反思。在培训过程中，"真实授课"环节是大部分教师面临的最大挑战，一是因为学员面对

的不是自己在民族地区熟悉的学生，学生的特点和学习进度与之前有很大的差异；二是因为学员存在自我怀疑，缺乏自信，不相信自己的能力能够适应这些地区的课堂教学；三是学员在以往的培训中都是观摩优秀课堂，从未尝试过在培训中真正去打磨和教授一节课。在培训过程中，有不少学员表示，他们的普通话不太好，担心学生听不懂自己在说什么，也有一些基层教研员表示自己很多年不上课了，在工作中只是听别人上课，所以他们请求能够删除"真实授课"这一环节。我们没有同意学员的这一请求，也没有放弃任何一个学员，而是和培训专家、导师一起从教学设计本身出发，帮助学员一遍遍地打磨教学设计，安排学员多次进行说课和小范围试讲。经过一次次的练习之后，绝大部分学员都站在讲台上开展了一系列活动，能与学生积极地互动交流。

经历了"真实授课"这一环节的磨炼之后，学员欣喜地表示授课效果大大超出了自己的预期。他们想不到自己真的可以完整地上完45分钟的课，想不到自己的课堂活动也可以丰富多样，想不到自己也可以和这些学生自如地交流。许多教研员学员表示，以后回到自己的工作岗位上，再也不甘心只是坐在下面听课和点评，而是要重新回到课堂上，通过自己的课堂教学把新的理念和做法展示给老师。很多教师学员表示，会把"真实授课"中的收获和心得带回自己的课堂上，打破原有的"灌输式"教学，大胆地设计丰富的活动，并在不断尝试和反思的过程中探索适合自己学生的教学模式，实现自己的教学目标。

"真实授课"这一环节不仅让学员有了一次全新的锻炼和体验，更重要的是打破了学员的"舒适区"，促使学员在面对未知和挑战时能勇敢地进行尝试与探索，打破了学员长期存在的自我怀疑，使学员坚定了勇于解决问题的信念。

（四）教研工作的专业性有所增强

我们希望能够通过培训为民族地区教育教学改革培养一批"种子"学员，在民族地区生根、发芽，影响一线教师。在《再谈民族地区教研员的重要性》一文中，我们介绍了教研员学员、拉萨市林周县教研室加录老师在培训后开展的一系列教研改革，其充分发挥了"种子"学员的作用。这些改革包括规范听课、评课的流程，无论一堂课的教学效果如何，为了激发老师的教学热情，首先提出该节课4～5个优点，再提出2～3处不足和需要改进的地方，同时做好跟踪记录；教研员亲自上示范课，每名教研员每个学期至少上一节示范课，用实际教学行动引领教师进行课堂教学改革；开展校本教研，每个学期重点帮助一所薄弱学校，教研室全体成员要到学校开展教研活动 5～6 次，为每个学科培养一名校级骨干教师，活动结束时让这名骨干教师上一堂公开课；开展课题研究，全县学校分学科开展小课题研究，从没有经费的小课题研究开始，成熟后可以去申请西藏自治区的经费支持。

三、反思与展望

新时代的教育要求学生不仅要具备知识，还要具备学科素养。学生通过学习数学，在掌握了知识和技能的同时，能够感悟数学的基本思想，积累基本活动经验，增强提出问题、分析问题、解决问题的能力。这就要求教师要改变教学方式，从过去的教师讲授转变为学生主动参与。在以教师讲授为主的课堂上，老师讲得再好，如果没有启发，学生获得的也只是浅层次的认知，达不到理解和应用等高层次的水平。

虽然我们已经开展了 6 期培训，也取得了一些成果，但是民族地区课堂教学的根本变革仍然任重道远。例如，我们看了新疆喀什地区四年级 20 位老师的 40 节课的数学教学实录，发现这些老师在教学中的表现都非常认真，重视基础知识的讲授，但是课堂中仍然有教师权威过重的色彩，教师代替学生思考的现象较多，学生发言的机会较少。绝大部分课堂中，老师说的多，学生说的少，学生的发言大多是浅层次的，老师较少关注学生的思维层次。在学生回答问题时，有老师会频繁打断学生。小组讨论结束后，老师也只是叫一个学生回答问题，较少关注小组的交流展示，没有起到小组讨论应有的作用。此外，老师在教学中主要关注结果，较少关注学习过程。教师说得比较多的就是"做做题""说说答案"等结果性要求，而不是"你是怎么想的"等过程性要求。老师较少关注学生的错误，很少对学生的错误进行反馈，如果学生回答错了，老师一般不等学生说完，就直接纠正或叫其他学生回答。可见，面对民族地区教师整体专业水平不足的现状，要想在短时间内大幅度提高教师队伍的专业水平，仍面临较大的挑战。

教研员是一个地方教学工作的"领头羊"，骨干教师是一所学校教学发展的带头人。专家型教研员和优秀骨干教师能够为一个地区的教师专业发展和教学质量提升提供有力的专业引领、支撑，是促进教师队伍整体水平提高的重要因素。组织民族地区教研员和骨干教师参加培训的意义，将远远超过提升他们自身的教学修为的意义，可以起到以点带面的作用。因此，如何助力民族地区教研员和骨干教师的专业成长，并以此促进民族地区教师队伍整体专业水平的提高，是民族地区教师培训的重要方向。在"十四五"时期，我们将在已有经验的基础上，继续深入探索和变革民族地区的教师培训模式，聚焦专家型教研员和优秀骨干教师的培养，打造有理想信念、有道德情操、有扎实学识、有仁爱之心的"四有好教师"，进而带动民族地区教研与教学质量的整体提高，持续推动民族地区教育发展和教师队伍建设。

（本文发表于《中国民族教育》2021 年第 1 期）

疫情期间教师线上培训的一次新尝试

苏傲雪　何　伟　孙晓天　刘湘渝

　　2020 年 10 月开展的"三区三州"中学、小学数学教研员和骨干教师示范培训的第 6 期培训，是针对初中数学教研员和骨干教师"1+1+3"培训模式中的第一个"1"，即"1 年以概念教学为主题的集中培训"。由于受到新冠肺炎疫情的影响，本次培训由以前的线下培训转为线上远程培训。参与此次培训的学员范围由"三区三州"进一步扩大到 52 个县，来自有关地区 122 个贫困县的 150 名学员参加了培训，是历次培训中规模最大的一期。首次尝试采用的线上培训形式，是否能够达到与线下培训同样的目的和取得相应的效果？今后开展类似的线上培训活动需要在哪些方面做出改进？为了回答这些问题，我们特在此次线上培训开始前和培训结束后，分别对参与培训的学员进行了问卷调查。下面通过对学员调查问卷的结果进行统计分析，探讨有效的线上教师培训模式，以期为今后开展类似的线上培训活动提供借鉴。

一、本次线上培训效果超出了学员的预期

　　据统计，78.52%的学员之前曾参加过其他线上教师培训活动。培训开始前，学员根据自身之前参与线上培训的经验，预估线上培训效果会比较好的比例不到 50%，而在本次培训结束后，学员认为本次培训效果比较好的比例接近 90%；培训开始前，学员认为线上培训可以达到和线下培训同样目的和效果的比例为 52%，而在培训结束后，学员认为本次线上培训完全达到线下培训的目的和效果的比例超过了 80%。根据学员培训前后两次的反馈，可以明

显看出本次线上培训在执行过程中达到甚至超出了学员预期的效果。

二、打造线上培训新模式，助力教师专业成长

之前已开展的 5 期"三区三州"中学、小学数学教研员和骨干教师示范培训，致力于精准培训，即培训对象精准、培训形式精准、培训内容精准。在此基础上，结合线上远程培训的特殊需求，本次培训在培训模式上做了一些有针对性的调整。

具体来说，以前的培训都是依托一些历史悠久的具有特色的名校，如北京市中关村第三小学、杭州市胜利小学、常州市教育科学研究院附属中学等开展浸入式学习，在培训的过程中让学员真实体验不同的校园文化、办学特色和学校建设方略。本次培训是依托北京市第二十二中学进行线上远程培训，为了弥补学员不能亲临该校的遗憾，我们在培训中特意增加了视频参观北京市第二十二中学的环节，并专门介绍了北京市第二十二中学数学特级教师孙维刚及其数学教育思想，在学员中的反响热烈。有的学员在培训总结中写道："……孙老师扎实的学科知识能力、深厚的文化素养功底、精湛的教学艺术和高尚的人格品质是永远值得我们学习和借鉴的，也是我们贫困地区教育工作者的楷模……"

另外，以前线下培训时，专家讲座在整个培训过程中占比不高，本次线上培训考虑到专家讲座线上形式和线下形式的差距较小，提高了专家讲座在整个培训内容中所占的比例。我们特别邀请了义务教育数学课程标准修订组组长、初中数学教材主编、长期在一线从事教学的中学数学特级教师、从事少数民族数学教育研究的知名大学教授等，分享初中数学课程的最新教学理念，结合具体数学教学实例研讨初中数学的概念及其教学设计等。

此外，针对线上培训最具挑战性的名师研讨课环节，我们也做了特别的安排。为了保证能清晰地还原课堂教学场景，我们选择了专业的线上教学平台创先泰克教育云平台，进行实时同步网络课堂直播。在研讨课直播过程中，视频清晰流畅，并且能够根据授课内容进行多机位镜头的切换，尽可能地还原了亲临教学现场观摩的感受。根据学员的反馈，90%以上的学员认为线上研讨课能清楚地了解老师的教学方法。

最后，针对线上专家讲座和名师研讨课互动交流少的特点，本次线上培训特意增加了研讨工作坊环节。研讨工作坊提供了线上培训专家与学员之间实

时沟通交流的渠道。依托钉钉平台的在线课堂，在专家讲座或者名师研讨课之后，研讨工作坊由中央民族大学少数民族数学与理科教育重点研究基地的教授和讲座的专家或授课的名师共同主持，重点围绕学员在听专家讲座或观摩直播研讨课过程中存在的问题，以及学员在一线教学过程中存在的困惑等开展研讨，专家进行在线解答。根据学员的反馈，超过96%的学员认为自己提出的问题得到了及时、充分的反馈。

需要特别说明的是，为了切实保证线上培训的效果，本次培训针对不同培训内容的技术要求，同时采用了钉钉和创先泰克教育云两个直播平台，在专家讲座、名师研讨课和研讨工作坊三个环节之间切换，这样既保证了专家讲座和名师研讨课的观摩效果，也实现了专家与学员之间的实时互动交流。

新的教师线上培训模式，在延续之前线下精准培训模式的同时，融入了线上培训的特殊要求，将线上、线下培训模式有机结合，从而瞄准民族地区数学学科弱、课堂教学难、专业"领头羊"少的短板，精准解决数学教师和教研员在教育教学中遇到的实际困难。

三、线上培训开展可持续化的启示

根据学员的反馈，线上教师培训具有资源可以共享（占82.88%）、教学资源可以反复使用（占79.45%）以及不受地域限制、参加培训的成本低（占70.55%）等优势。①民族地区大多比较偏远，而培训地点通常都在内地发达省市，学员在路途花的时间和经费比较多，来到新的环境甚至会"水土不服"。线上培训可以避免这些问题，学员可以在自己熟悉的环境接受培训，即使由于某些干扰导致错过培训内容，也可以通过观看回放视频进行补充学习。此外，线上培训可以接纳更多的一线教师和教研员参与培训，培训对象的范围更广、受益面更大。

同时，线上教师培训活动容易受设备、网络问题的干扰（占80.14%），受周围环境的干扰，导致注意力不集中（占54.79%）以及长时间使用视听设备出现疲劳（占34.93%）等。线上教师培训对设备和网络的要求比较高，而民族地区大多处于较偏远的地方，虽然我们已经在钉钉和创新泰克教育云两个平台同步进行线上网络直播，但网络的不稳定性仍使线上培训面临挑战。虽然我们

---

① 数据来源于问卷中的一道多选题，因此所有选项比例加起来不是100%，下同。

明确要求参与培训的学员应全程脱产学习，但在实际操作中，学校事务繁杂，学校保证不了参与培训的老师脱产学习。在培训过程中，大多数学员不得不上课或者干其他一些事务性工作，这也是影响培训效果的一个主要原因。因此，在今后开展线上教师培训时，要将脱产参与培训的要求切实落实到每所学校，与主管教育部门和学校校长一一沟通，让学校排除困难，协调相关教学或其他事务，保证学员切实脱产参与培训。

此外，根据学员的反馈，在专家讲座、名师研讨课和研讨工作坊三项活动中，按适合线上开展的程度由高到低排序，依次为专家讲座（2.37）、名师研讨课（1.66）和研讨工作坊（1.56）。①可以看出，专家讲座是开展线上培训的效果最好的形式，这也是我们本次线上培训增加高质量、有教学指导性的专家讲座的原因。同时，虽然我们提前准备了各种预案，但根据学员的反馈，线上研讨课的不足排在前三位的依次为体验感不足（占 71.23%）、参与感弱（占 62.33%）和缺乏代入感（占 36.99%）。因此，如何提高参与线上研讨课学员的体验感、参与感与代入感，也是疫情期间线上教学或培训需要着力关注和解决的问题。

作为本次线上培训特意增设的研讨工作坊，超过 96% 的学员认为他们提出的问题得到了及时、充分的反馈，这反映出线上工作坊确实发挥了建立培训专家与学员之间沟通交流渠道的作用，对学员的教学实践有重要的指导意义。同时，还有约 8% 的学员认为线上工作坊的交流互动不太充分、自己的问题和想法没有得到充分的表达。不少学员表示，在听完专家讲座或者观摩了研讨课之后，仍有较多的想法想与主讲专家或者授课教师进行沟通交流，希望专家能够答疑解惑。但线上工作坊的时间通常是在 50 分钟之内，主讲专家或者授课教师能解答的问题数量比较有限，还有一些学员的问题和想法没能得到表达。因此，在今后的线上教师培训中，应该进一步提高线上工作坊在整个培训内容中所占的比例，创造更多机会让学员与培训专家进行直接的沟通和交流，让学员在一线教学中遇到的困惑能得到专家充分的解答。

四、结语

本次初中数学教研员和骨干教师示范在线培训，是教育系统应对疫情的

---

① 数据来源于问卷中的一道排序题，将排在第一位的赋值为3，以此类推，最后求平均值。

一次重要实践，是推进教师培训工作服务民族地区、贫困地区教育精准扶贫、精准脱贫的重要抓手，是运用互联网信息技术服务教育工作的重要实践，是提升教育治理能力和治理水平的重要探索。虽然线上教师培训模式仍处于探索阶段，但是它为民族地区教师专业化成长提供了一个全新、开放的环境，能突破时间和空间的限制，让更多偏远民族地区的一线教师受益。因此，我们将在此次培训经验的基础上总结反思，进一步完善并持续推进民族地区数学教研员和骨干教师在线培训模式。

（本文发表于《中国民族教育》2021 年第 1 期）